农业生态实用技术丛书

高 床
生态养猪技术

GAOCHUANG SHENGTAI YANGZHU JISHU

农业农村部农业生态与资源保护总站　组编

臧一天　舒邓群　主编

中国农业出版社

北　京

图书在版编目（CIP）数据

高床生态养猪技术/臧一天，舒邓群主编.—北京：
中国农业出版社，2020.5
　（农业生态实用技术丛书）
　ISBN 978-7-109-24803-8

　Ⅰ.①高… Ⅱ.①臧… ②舒… Ⅲ.①养猪学 Ⅳ.
①S828
　中国版本图书馆CIP数据核字（2018）第249731号

中国农业出版社出版

地址：北京市朝阳区麦子店街18号楼
邮编：100125
责任编辑：张德君　李　晶　司雪飞　　　文字编辑：张庆琼
版式设计：韩小丽　　责任校对：巴红菊
印刷：北京通州皇家印刷厂
版次：2020年5月第1版
印次：2020年5月北京第1次印刷
发行：新华书店北京发行所
开本：880mm×1230mm　1/32
印张：4.75
字数：95千字
定价：38.00元

农业生态实用技术丛书
编委会

本书编写人员

主　　编　臧一天　舒邓群

副 主 编　张国生

参编人员　吴华东　黄爱民　盛孝维

　　　　　唐夏军

序

　　中共十八大站在历史和全局的战略高度，把生态文明建设纳入中国特色社会主义事业"五位一体"总体布局，提出了创新、协调、绿色、开放、共享的发展理念。习近平总书记指出："走向生态文明新时代，建设美丽中国，是实现中华民族伟大复兴的中国梦的重要内容。"中共中央、国务院印发的《关于加快推进生态文明建设的意见》和《生态文明体制改革总体方案》，明确提出了要协同推进农业现代化和绿色化。建设生态文明，走绿色发展之路，已经成为现代农业发展的必由之路。

　　推进农业生态文明建设，是贯彻落实习近平总书记生态文明思想的必然要求。农作物就是绿色生命，农业本身具有"绿色"属性，农业生产过程就是依靠绿色植物的光合固碳功能，把太阳能转化为生物能的绿色过程，现代化的农业必然是生态和谐、资源可持续、环境友好的农业。发展生态农业可以实现粮食安全、资源高效、环境保护协同的可持续发展目标，有效减少温室气体排放，增加碳汇，为美丽中国提供"生态屏障"，为子孙后代留下"绿水青山"。同时，农业生态文明建设也可推进多功能农业的发展，为城市居民提供观光、休闲、体验场所，促进全社会共享农业绿色发展成果。

农业生态文明思想起源于古老的中国，中国自春秋时期就懂得用地养地的道理以及物理杀虫、人工除草等做法。农牧结合、稻田养鱼、桑基鱼塘等农业生态模式在历史上曾经极大推动了文明和经济的发展。当前，我国农业生态文明建设已进入提供更多优质生态产品以满足人民日益增长的优美生态环境需求的攻坚期，也到了有条件、有能力发展环境友好农业的窗口期。多年来，从事农业生态研究的学者和实践者扎根农业生产一线，按"整体、协调、循环、再生"的原则，围绕农业生态文明建设开展了广泛、系统的实践和研究，探索总结出了丰富多样的应用技术。

为推广农业生态技术，推动形成可持续的农业绿色发展模式，从2016年开始，农业农村部农业生态与资源保护总站联合中国农业出版社，组织数十位业内权威专家，从资源节约、污染防治、废弃物循环利用、生态种养、生态景观构建等方面，多角度、多要素、多层次对农业生态实用技术开展梳理、总结和归纳，系统构建了农业生态知识体系，编写形成了《农业生态实用技术丛书》。丛书中的技术实用、文字简洁、步骤详尽、脉络清晰，技术可推广、模式可复制、经验可借鉴，具有很强的指导性和适用性，将为广大农民朋友、农业技术推广人员、管理人员、科研人员开展农业生态文明建设和研究提供很好参考。

张福锁

2020年4月

前言

我国是世界上最大的猪肉生产和消费国，养猪业已是我国畜牧业的支柱产业，它在农业经济发展、农村产业结构调整和农民收入的增加方面发挥着巨大作用。然而，随着我国养猪业的规模化、集约化发展，所面临的资源和环保的压力也越来越大，这种压力不仅仅出现在规模化猪场，同样出现在规模小却相对集中的养殖小区，环保问题已是养猪业发展的瓶颈问题，甚至已影响到了某些养猪场的生存和发展。特别是土地承载力不足造成的农牧脱节问题，使种养结合处理猪场废弃物的途径亦行走艰难。只有仍坚实地走无害化、减量化、资源化处理猪场废弃物的道路，同时改进生产工艺，实行生态养殖，并利用清洁生产技术，在生产的源头及过程中减少环境污染才能从根本上解决该瓶颈，促进养猪业的均衡发展。

高床养猪是一种新型环保清洁生产的生态养殖模式，可使猪群的身体与粪尿分开，采用双层栏舍设计，上层饲养猪群，下层收集粪尿。该养殖模式不仅符合现今的发展趋势，也是很多研究及生产过程中证实的一种可行盈利性的养殖技术；可以解决养猪业目前存在的一系列猪场废弃物处理困难、环境控制不善等问题。然而，目前很少有关于该养殖模式和技术的详细概况和介绍。因此，针对该技术的实际推广需要及出版社的邀请，江西农业大学的动物生产教研室团队负责编写了本书。

　　本书主要分为五大部分，分别从猪的常用饲料与生态营养调控、各阶段猪的饲养管理技术、生态猪舍及高床的建筑设计、高床生态猪舍的环境控制及猪场废弃物的处理相关技术等方面，对高床生态养猪模式的建筑设计、猪只各阶段的饲养管理技术及废弃物处理技术等进行了阐述；本书还特别重点介绍了如营养调控措施减少源头污染、饮水器改进、雨污分离、固液分离等清洁生产技术和粪污的无害化处理及资源化利用一系列的技术，还列举了"高床节水＋舍外发酵"生态养殖模式及"高架网床＋益生菌"生态养殖模式的建筑规划设计、技术模式要点等，并以图片形式进行了清晰的展现。在本书的各部分，分别利用口诀和流程图等将各养殖要点进行了概况归纳，清晰易懂，以便于读者理解记忆。本书主要由江西农业大学的臧一天、舒邓群进行编写，另外，张国生亦参与了本书第三部分的编写。

　　在本书的编写过程中，由于编者的疏漏和才疏学浅，可能会存有一些问题，望读者体谅。本书作为科技推广类图书，出于科学普及宣传教育的目的，谨此提供大家参考。希望该书的出版可以促进高床生态养猪模式在我国的推广和应用，以促进清洁养猪生产方式的发展。

臧一天

2019年6月

目 录

一、猪的常用饲料与生态营养调控

本部分口诀：精准营养调控，调高质量控制，既低成本减排放，还无公害和污染。

（一）猪的常用饲料

猪常用饲料有蛋白质饲料、能量饲料、青饲料、粗饲料、矿物质饲料和饲料添加剂等（图1）。

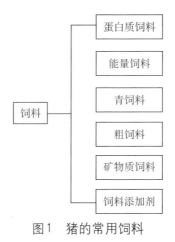

图1　猪的常用饲料

1.蛋白质饲料

包括植物性蛋白质饲料和动物性蛋白质饲料两大类。植物性蛋白质饲料有豆类籽实及其加工副产品、谷物加工副产品和油饼等。动物性蛋白质饲料包括鱼粉、血骨粉、蚕蛹等，其特点是蛋白质含量高，是谷物饲料的3～8倍，在日粮中与能量饲料配合在一起喂猪，使用适当能使公母猪正常繁殖，促进仔猪生长和肥育增重。

（1）豆类籽实。如大豆、蚕豆、小豆等。粗蛋白质含量丰富（20%～40%），淀粉、糖类含量比谷实类的要低，维生素、矿物质含量与禾本科谷实接近。豆类籽实的蛋白质品质最佳，赖氨酸含量高达1.80%～3.06%；但是蛋氨酸含量偏少，难以满足育肥猪后期的需要。豆类籽实中含有蛋白酶抑制剂等营养因子，影响适口性、消化性和猪的一些生理过程。所以，在喂饲豆类籽实前，须在110℃温度下至少经过3分钟的加热处理。

（2）饼粕类饲料。也称油饼类饲料，是油料作物的籽实提取油分后的副产品，包括大豆饼、菜籽饼、芝麻饼和亚麻仁饼等。饼粕类饲料有两种生产方法，溶剂浸提法的产品通称为粕，压榨法产品则称为饼。前者不经高温高压，除了油脂较原料有所减少外，其他营养成分变化不大；后者高温高压常导致变性，特别是赖氨酸等受损害最重。但是高温高压也能破坏棉籽、亚麻籽中的有毒物质。大豆饼粗蛋白质含量40%

以上，品质很高，赖氨酸含量较多；而且除蛋氨酸含量较低外，各种氨基酸极为平衡，是油饼类饲料中质量很好的蛋白质饲料。菜籽饼含有毒物质，往往容易造成猪中毒，不能多喂，在饲料中占8%即可。棉籽饼蛋白质含量高，品质也很好，但适口性较差，蒸煮可去毒，喂量不要超过饲料的10%，如未经脱毒处理，不要超过3%。

（3）糟渣类饲料。酿造、制粉和制粮过程的副产品，包括醋糟、酒糟、粉渣、豆腐渣、酱渣等。酒糟干物质粗蛋白质含量为22%～31%，尤以大麦酒糟为高，最低的是啤酒糟。刚出厂的酒糟含水量高达64%～76%，占猪日粮的比例不宜过大，否则难以满足营养需要。喂猪时要做到三忌，一忌单喂，二忌量大，三忌变质。

（4）动物性蛋白质饲料。鱼粉、血粉、骨肉粉等能量和矿物质含量较高，猪必需的氨基酸比例也较完全，粗蛋白质含量达55%～84%，赖氨酸尤其丰富，品质好，几乎不含粗纤维，钙、磷含量高。但是蛋氨酸略少，血粉还缺乏异亮氨酸。在育肥后期不宜多喂动物性蛋白质饲料，以免影响屠宰品质。

2.能量饲料

能量饲料包括玉米、稻谷、大麦、谷子、高粱和荞麦等。淀粉含量70%以上，粗蛋白质含量10%左右，粗脂肪、粗灰分各占3%，水分约占14%。粗纤维少，适口性好，消化率高。粗蛋白质含量偏低，猪必需氨基酸含量甚微，矿物质贫乏，维生素种类及含量也大多较低。糠麸类能量饲料包括麦糠、高粱糠和稗糠等，其粗蛋白质含量高于谷实类，一般为10%～16%；粗纤维含量多；无氮浸出物含量少于谷实；钙少，磷的含量超过猪体需要量1倍以上，但以植酸磷为主，不能被猪充分利用；维生素E含量丰富，B族维生素含量也高于谷实，合理使用有助于平衡饲料营养成分。

玉米淀粉含量高，粗纤维含量仅2.0%～2.5%，适口性好；但粗蛋白质、矿物质和维生素含量均不能满足猪体需要，必须与其他饲料搭配。玉米在日粮中所占比例不宜超过50%。在育肥后期用甘薯干、麦类、豌豆取代一部分玉米，可获得高品质的肉脂。稻谷粗蛋白质含量为8%，无氮浸出物为63%，但粗纤维含量高，有坚硬外壳，喂饲前需粉碎，其饲用价值相当于玉米的80%～90%。大麦有硬壳，喂用前须粉碎，粗蛋白质含量高于玉米，达10%～12%，脂肪、钙和维生素A、维生素D，尼克酸、维生素B_2含量比玉米高3倍。用大麦喂的猪屠体脂肪洁白硬实。大麦属上等饲料，在日粮中添加量可达30%，饲用价值相当于玉米的90%。

稻糠又称米糠，粗蛋白质含量12%～13%，粗脂肪含量13%，粗纤维含量13%，磷含量1.3%，B族维生素含量丰富，但钙含量低。其营养价值与玉米相当，添喂量不宜超过30%，否则会降低肉脂品质，还容易导致猪群发生皮炎。麦麸粗蛋白质含量可达12%～17%，质量高于小麦，含赖氨酸0.67%、蛋氨酸0.11%，B族维生素含量较丰富。但钙、磷比例不平衡，能量含量较低，麦麸适口性好，体积膨大，具有轻泻性且耐储藏。

3.青饲料

青饲料种类繁多，包括天然草地牧草、栽培牧草、蔬菜类、作物茎叶、枝叶及水生植物等。这类饲料产量高、来源广、成本低、采集方便、适口性好、养分比较全面。

青饲料蛋白质含量较高，一般占干物质的10%～20%，豆科植物蛋白质含量更高，蛋白质品质较好，赖氨酸含量较玉米高1倍以上。青饲料含有丰富的维生素和矿物质，钙、磷含量高，比例合适，镁、钾、钠、氯和硫等含量也较高。青饲料中粗纤维所含木质素少，易于消化。因此，饲喂适量的青饲料，不但可以节省精饲料，而且可以使饲料营养价值更加完善，使养猪生产获得比单喂精饲料更高的经济效益。另外，青饲料也有它的缺点，如水分含量高，一般在70%～95%；粗纤维含量高，占干物质的18%～30%，饲喂过多对猪也有负面效应；青饲料还受季节、气候、生长阶段的影响与限制，生产供应和营养价值很不稳定，为配制平衡日粮增加了困难；同时，青饲料的种、割、贮、喂也费工费时，极不方便。

4.粗饲料

粗饲料包括各种农作物秕壳、藤、青干草和树叶类等，其粗纤维含量高，粗纤维含量大于等于18%，消化率较低，但可填充猪的肠胃使猪有饱腹感，刺激消化功能。用粗饲料喂猪，应注意质量，同时要合理加工调制，掌握适当喂量。注意适宜的收割时间和储藏方法，防止粗老枯黄。

5.矿物质饲料

猪采食的饲料主要是植物性饲料，然而植物性饲料所含的矿物质无论数量还是比例，与猪的营养需要很不相适应，因而必须另外补充矿物质。

（1）食盐。大多数植物性饲料钠和氯含量很低，故常用食盐补充，食盐添加量一般占日粮的0.3%～0.5%，过多易发生食盐中毒。

（2）钙磷饲料。猪常用的钙磷矿物质饲料有石粉、骨粉和磷酸氢钙。石粉仅含有钙，不含磷。骨粉或磷酸氢钙在日粮中用量为1.5%～2.5%，可以满足磷的需要，在生长肥育期的日粮中添加0.5%～1.0%的石粉，可满足钙的需要。

（3）微量元素添加剂。在完全的平衡日粮中，还要补加铁、铜、锌、锰、钴、硒和碘等微量元素。常用的微量元素化合物有硫酸亚铁、硫酸铜、硫酸锌、硫酸锰、硫酸钾、氯化钴、亚硒酸钠等。

有机微量元素由于其稳定性好、吸收利用率高、作用效果明显，已大有取代无机盐（如硫酸盐）的趋势，在生态养殖中使用有机微量元素可减少营养物质的损失，提高其吸收利用率，降低动物微量元素的排出量，减少对环境的污染，为无公害、环保型的生物饲料。

6.饲料添加剂

饲料添加剂具有完善饲料的营养性，提高饲料的利用率，促进动物生长和预防疾病，减少饲料储存期间的营养物质损失等作用。饲料添加剂是饲料中不可缺少的部分，猪饲料添加剂种类很多，有用于补充营养素的添加剂，如氨基酸、无机盐微量元素、维生素等；有为了增进动物健康，促进动物生长或满足饲料加工等特殊要求的非营养性添加剂，如生长剂、抗氧化剂、防霉剂等。另外，在饲料中加有防治疾病的药物性饲料产品，称为饲料药物添加剂。

饲料添加剂要根据猪的生理状况、发育阶段、环境条件合理添喂，比如，生长调节剂多用于幼畜，抗生素用于卫生条件差的饲养环境。使用时，务必搅拌均匀，特别是添喂量小的，须采取少量预拌、逐级扩大的方法。短期储存的添加剂，应与干粉料相搅拌，不可与发酵饲料或掺水饲料拌后储存，也不能与饲料一并煮沸食用。添加剂宜保存于干燥、阴凉、避光的环境，以免失去活性，影响效果，维生素添加剂尤其应该避免高温和暴晒。

  饲料按营养成分和用途可分为添加剂预混料、浓缩饲料和全价配合饲料（图2）。添加剂预混料是指用一种或几种添加剂（如微量元素、维生素、氨基酸、抗生素等）加上一定数量的载体或稀释剂，经充分混合而成的均匀混合物。根据构成预混料的原料类别或种类，又分为微量元素预混料、维生素预混料和复合添加剂预混料。添加剂预混料既可供养猪生产者用来配制猪的饲料，又可供饲料厂生产浓缩饲料和全价配合饲料。市售的添加剂预混料多为复合添加剂预混料，一般添加量为全价饲料的0.25%～3.0%，具体用量应根据实际需要或产品说明书确定。浓缩饲料是由添加剂预混料、常量矿物质饲料和蛋白质饲料按

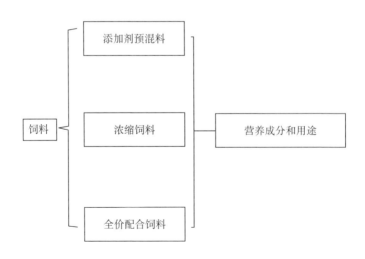

图2 猪的常用饲料（营养成分和用途）

一定比例混合而成的饲料。养猪场或养猪专业户可用浓缩饲料加入一定比例的能量饲料（玉米、麸皮等），即可配制成直接喂猪的全价配合饲料。浓缩饲料一般占全价配合饲料的20%～30%。全价配合饲料是浓缩饲料加上一定比例的能量饲料配制而成，它含有猪需要的各种养分，不需要添加其他任何饲料或添加剂，可直接喂猪。

（二）生态饲料的营养措施

规模化的养猪生产中产生的大量有害气体和粪污，对空气、土壤和水体造成严重的环境污染，其中，猪粪污中的氮、磷和重金属是主要的污染源。生态饲料的选择和合理配制是从源头上减少污染物排放的重要途径，这种日粮可以充分开发饲料资源，提高营养物质的利用率，改善猪体内微生态环境，生产优质安全猪肉产品，减少氮、磷和重金属等污染物的排放，降低养猪业对环境的污染。

生态饲料就是利用生态营养学理论和方法，围绕畜禽产品公害和减轻畜禽对环境污染等问题，从原料的选购、配方设计、加工饲喂等过程进行严格质量控制，并实施动物营养调控，从而控制可能发生的畜禽产品公害和环境污染，使饲料达到低成本、高效益、低污染的效果（图3）。

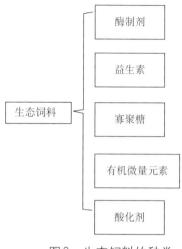

图3　生态饲料的种类

1.酶制剂提高饲料营养物质的利用效率

酶制剂通过补充猪体内消化酶分泌的不足或增加猪体内不存在的酶，能有效降低饲料中的抗营养因子含量，促进营养物质的消化吸收，提高饲料的利用率。

对于断奶仔猪和保育猪，添加蛋白酶和脂肪酶等，能够补充猪体内源性消化酶分泌不足，提高饲料利用效率。玉米-豆粕型日粮属于低黏度日粮，补充木聚糖酶、果胶酶和甘露聚糖酶等，可消除抗营养因子木聚糖、果胶、乙型甘露聚糖等。如果日粮中用小麦代替玉米，因小麦黏度较大，应添加木聚糖酶为主，能够提高猪的消化率。如果日粮含有棉籽粕、菜籽粕和葵花籽粕等原料，可添加纤维素酶、果胶酶和乙型甘露聚糖酶等，可消除抗营养因子粗纤维、果胶和乙型甘露聚糖等的影响。

植物性饲料（玉米、豆粕等）中的磷大部分以植酸磷的形式存在，猪体内由于无植酸酶，所以饲料中大量的植酸磷因不能被利用而随粪便排入环境，既浪费了资源，又对环境造成了磷污染。利用植酸酶可以明显提高日粮磷的利用率，减少无机磷的添加量、粪便中磷的排出量，降低对环境的污染。

2.益生素改善猪体内微生态环境

益生素是指在微生态理论指导下，运用微生态学原理，利用对宿主有益的微生物及其促生长物质经特殊工艺制成的制剂。不仅可以提高饲料利用率，同时，又可减少环境污染。益生素可以促进有益菌产生各种消化酶，如蛋白酶、脂肪酶、淀粉酶和纤维素酶等，增加饲料的降解能力，从而提高饲料的消化率和转化率，降低不可消化营养素的排出。益生素还可以减少氨和其他腐败物质的过多生成，降低肠内容物、粪便中氨的含量，使肠道内容物中甲酚、吲哚、粪臭素等的含量减少，从而减少粪便的臭气。在饲料中添加嗜酸乳酸杆菌、双歧杆菌、粪链球菌等均能减少氨气排放量，净化空气，降低粪尿中氮的含量，减少对环境的污染。另外，利用益生素取代抗生素，可消除药物残留，降低抗药性。

3.有机微量元素减少粪尿金属元素的排放

有机微量元素是金属元素与蛋白质、小肽、氨基酸、有机酸、多糖衍生物等配位体通过共价键或离子键结合而形成的络合物或螯合物，被人们称为第3代微量元素添加剂。

有机微量元素性质较为稳定，极大地降低了对饲料中添加的维生素等氧化破坏作用，保护了微量元素不被植酸夺走而排出，避开了消化道内大量二价钙离子的拮抗作用，使金属微量元素顺利到达吸收部位，因而稳定性好，吸收利用率高。有机微量元素是动物机体吸收金属离子的主要形式，又是动物体内合成蛋白质过程的中间物质，不仅吸收快，而且可以减少许多生化过程，减少体能消耗，因而具有较高的生物学效价。由于有机微量元素吸收利用率高，生物学效价也较高，在猪饲料中使用低剂量的有机铜和有机锌，可获得与高铜和高锌相近或更好的促生长效果，而且可使粪便中微量元素排放量大幅度降低，从源头上减少微量元素对环境的污染。

目前有机微量元素在养猪业的应用方式是使用有机微量元素取代饲料中添加的部分无机微量元素，此方式能够发挥两种不同添加剂的优势，既节约成本，又能取得较好的饲喂效果，适用于中小规模养猪场及饲料生产企业。

4.寡聚糖改善猪机体免疫系统

寡聚糖又称低聚糖或寡糖，是由 2 ~ 10 个单糖单元通过糖苷键联结的小聚合物总称。寡聚糖不能被动物分泌的消化酶水解，但却能被消化道中的有益微生物利用，从而促进动物消化道中有益微生物的生长和繁殖，这类寡聚糖称为功能性寡聚糖。寡聚糖对动物有促进生长、提高抗病力、增加对营养物质的吸收等作用，且使用安全、无毒副作用，是一种优于抗生素、具有益生素活性的新型饲料添加剂。

猪日粮中添加寡聚糖具有以下作用：第一，增殖肠内有益菌，抑制有害菌，促进肠道正常菌群的生态平衡。在饲料中应用寡聚糖，既可增加有益微生物的数量和菌群，又能抑制病原菌如大肠杆菌、梭状芽孢杆菌和沙门氏菌等有害微生物的生长繁殖，从而促进肠道内正常菌群的生态平衡，有效地消除这些有害微生物对动物所产生的不利影响。第二，参与调节营养物质的代谢，促进动物生长，提高饲料利用率。在饲料中添加寡聚糖，可提高动物对营养物质的吸收，特别是矿物质和维生素的利用率大大提高。同时，还可调节营养物质代谢，发挥降脂效应，减少有毒物质的排泄。第三，提高免疫力，增强动物对疾病的抵抗力。在饲料中添加寡聚糖具有提高动物免疫力、防止维生素缺乏和抗肿瘤等保健作用。

5.酸化剂在养猪生产中的应用日益广泛

酸化剂是指能够降低饲料或饮水酸度从而降低消化道酸碱度的一类物质。酸化剂具有提高生长性能、维护肠道菌群平衡、抑（杀）菌、抗霉菌、清理水线、增强抵抗力等多重功效，是在猪的养殖中作为替代抗生素的新型绿色饲料添加剂。

酸化剂可分为单一酸化剂和复合酸化剂。单一酸化剂根据其化合物的性质又可分为无机酸（如盐酸、磷酸等）和有机酸（如甲酸、丙酸、柠檬酸、反丁烯二酸、乳酸、山梨酸和苹果酸等）。复合酸化剂是将两种或两种以上的单一酸化剂如乳酸、磷酸、柠檬酸和苹果酸等及其盐类复合而成。复合酸化剂的使用效果优于单一酸化剂，复合酸化剂克服了单一酸化剂添加量大、作用单一和腐蚀性强等缺点，发挥了很好的协同增效作用，提高了酸化剂的临床应用效果。

饲料酸化剂由于具有无抗药性、无残留、无污染和无毒副作用，在养猪生产中使用不仅提高机体免疫力，改善肠道微生物菌群平衡，降低腹泻率，而且可提高猪的生长性能。在幼猪补充日粮或断奶日粮中添加酸化剂，可起到补充胃酸分泌不足，激活酶原，抑制病原增殖，防止仔猪腹泻，改进生产性能，降低死亡率等作用。此外，较低的胃内酸碱度降低胃内容物排空速度，有利于养分的消化吸收。有机酸化剂还可作为动物的能源。有的有机酸以络合剂的形式促进矿物元素的吸收；有的（如柠檬酸等）还可起到调味剂的作用，促进仔猪采食。酸化的饲料应用到母猪饲料中，能阻断大肠杆菌对哺乳仔猪的垂直感染。

（三）生态环保型日粮的配制

本部分口诀：生态饲料＝饲料原料＋酶制剂＋微生态制剂＋有机微量元素＋饲料配方技术。

合理配制生态环保型日粮是通过提高饲料中营养物质的利用率，减少污染物及金属元素的排放，减少环境污染，达到环保的目的。一般情况下，生态环保型日粮的配制主要包括以下几个步骤：第一，饲料原料的合理选择。注意选择符合生产绿色畜产品质量要求，消化率高、营养变异小且有毒有害成分低、安全性高的原料。第二，注意饲料的合理加工。采用膨化和颗粒化加工技术可破坏和抑制饲料中的抗营养因子，提高养分的消化率，减少粪便的产生量。第三，根据猪的不同生长阶段配制相应的饲喂日粮。猪在不同生长阶段的营养需要有一定差别，在配制猪的日粮时，尽可能准确估测猪在不同阶段和环境条件下的营养需要及各营养物质的利用率，设计出营养水平与生理需要基本一致的日粮，是减少养分消耗和环境污染的关键。第四，平衡优化日粮配方。按照"理想蛋白质模式"，以可消化的氨基酸含量为基础，配制符合不同阶段猪营养需要的平衡日粮，增加蛋白质利用率，减少氮的排出。

在养猪生产实践中，不仅要求尽可能降低日粮蛋白质和磷的用量以解决环境恶化问题，同时还要添加商品氨基酸、酶制剂和微生物制剂，使用有机微量元素替代部分无机微量元素，采用消化率高、营养平衡、排泄物少的饲料配方技术，通过营养、饲养办法来降低氮、磷和微量元素的排泄量。因此，生态饲料可以用公式表示为生态饲料＝饲料原料＋酶制剂＋微生态制剂＋有机微量元素＋饲料配方技术。需要从饲料原料、饲料配方技术等入手，再添加一定量的酶制剂、微生态制剂等，使用有机微量元素部分替代无机微量元素，这种日粮可以提高饲料消化率，调节胃肠道微生物菌落，促进有益菌的生长繁殖，提高营养物质的利用率，减少氮、磷和金属元素的排放，起到净化生态环境的功效。

低蛋白质氨基酸平衡日粮是依据"理想蛋白质模式"配制的日粮。将日粮粗蛋白质水平降低，但同时保证猪日粮中各氨基酸的类型和数量以及组成比例等需要均得到满足，以期不改变猪的生产性能，力求实现饲料高效利用、含氮物质高沉积低排放、免疫能力提高、抗应激能力有所增强的日粮配制技术。这种日粮在养猪生产中已被广泛应用，已被证明可以提高日粮蛋白质消化率而减少蛋白质供应量，从根本上降低粪便氮的污染。

生态环保型日粮要求达到氮、磷和金属元素等污染物的同时减排，全面有效地控制各种污染物对环境的污染。

二、各阶段猪的饲养管理技术

猪生产的工艺流程见图4。

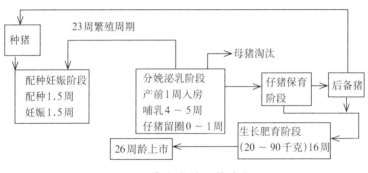

图4　猪生产的工艺流程

（一）后备母猪的饲养管理

本部分口诀：

二月龄至初配前，抓好后备母猪关；

正常发育功能全，肥瘦适宜最关键；

过高过低不一样，受精妊娠繁殖降；

饲料不按阶段喂，发情迟缓发育笨；

新购母猪要隔离，检查无病放一起；

分栏饲养要对比，每头猪两平方米；
提供充足洁净水，八月配龄要记准；
体重达到百二三，发情间隔二一天；
发情前期阴门肿，内部充血外变红；
兴奋不安食欲减，正向发情时期转；
接受爬跨阴门暗，白色黏液更明显；
用手压背也不离，此时配种正适宜；
管理技术各要点，样样都需严格管。

后备母猪指被选留后尚未参加配种的青年母猪。一般后备母猪用于更新母猪群，使生产母猪保持以青壮龄为主的组成结构。饲养目标是促使后备母猪早发情、多排卵、早配种，达到多胎高产的目的。

1.饲养技术

后备母猪决定猪场未来的生产性能，其饲养的好坏直接影响猪场未来的发展。后备母猪的饲养管理中存在的问题主要是后备母猪当肥育猪饲养、配种过早、体况偏肥、采用肥育猪饲料和光照不足等。

后备母猪要使用专门的后备母猪日粮而不是使用育肥猪日粮，后备母猪日粮应含有较高水平的赖氨酸、钙和磷，一般猪场多选用母猪料来饲喂后备母猪。在饲养上也不能把后备母猪当作肥育猪来养，后备母猪日粮应含有15%的粗蛋白质、0.95%的钙和0.65%的磷。

后备母猪应保持中等略偏上的膘情，过肥和过瘦均会导致不发情或不受孕。其饲喂方案一般为体重20～40千克，自由采食；体重40～80千克，每天饲喂1.8千克；体重80千克以上，每天饲喂2.8千克，直接用干粉料或颗粒料投喂，分早晚两次投放，达130日龄左右、体重75千克至配种期间应该进行限饲，防止其过肥。配种前的10～15天，加大喂料量，每天饲喂3.5千克，可以促使发情排卵，并增加排卵数。不过这种"短期优饲"在后备母猪配种当天开始必须立即把采食量降下来，在妊娠前期过量饲喂会导致胚胎死亡率上升，减少窝仔数。

2.管理技术

后备母猪一般为群养，大群饲养有利于早期发情，饲养密度1.5～2.0米²/头，体重60千克以前，可以4～6头为一群进行饲养，体重60千克以后，按体重大小再将2～3头分为一小群进行饲养。加强运动，可提高新陈代谢和神经系统的兴奋性，促进骨骼和肌肉生长，防止母猪肢蹄疾病和过肥等，保持良好的种用体况。做好母猪的初情记录和催情工作，初情期越早越好，但仍不能配种。做好配种前的疫苗注射及其他日常管理工作。配种前两个月注射乙脑、细小病毒等疫苗，新购种猪应按免疫程序全部注射一次疫苗。

后备母猪的饲料应无霉变，保证充足饮水，以防便秘，减少保健药物的使用时间。充足光照有利于后备母猪的性成熟，建议每天的光照时间在10～12小时，光照度60～100勒克斯。

3.初配时期

初配时期是指后备母猪第一次配种的时间。后备母猪性成熟的月龄随品种、气候、饲养管理条件的不同而不同。属早熟品种的我国地方猪种一般在3月龄左右就开始发情。培育品种及其杂种母猪性成熟较晚，一般在5月龄左右开始发情。刚达到性成熟的后备母猪，虽有配种要求和受胎的可能，但不可过早配种。配种过早，不仅产仔数不高，仔猪成活率和断奶窝重也较低，而且还会影响后备母猪本身的发育，影响母猪的利用，导致提前淘汰。但是，配种过迟不仅增加育成期的费用，而且由于每次发情不配种，也会造成后备母猪不安，影响采食，影响发育和性机能的活动。

因此，在正常饲养管理条件下，后备母猪的适宜初配年龄安排在第三个发情期较为适宜，我国地方猪种在8月龄左右，体重达50 ~ 60千克，培育品种及引进品种在8 ~ 10月龄，体重达100 ~ 120千克开始配种较好（表1）。

表1　后备母猪初次配种的一般要求

项　目	要　求
月龄（月）	8~10
体重（千克）	100~120
背膘厚度（毫米）	16~18
配种时间（次）	第二次或第三次发情

4.做好发情记录与发情鉴定

后备母猪到了发情日龄后应每天进行检查，记录发情日期，做好配种计划。后备母猪进入配种栏后90天不发情的应淘汰。

（二）种公猪的饲养管理

1.青年公猪的配种时间

青年公猪的配种时间根据月龄和体重而定，瘦肉型品种在8月龄120千克体重时调教配种，以保持良好的配种习惯和旺盛的性欲。配种过早公猪刚性成熟，交配能力不好，精液质量差，母猪受胎率低，且对自身性器官发育产生不良影响，缩短使用寿命。但配种过迟会延长非生产时间，增加成本；另外，会造成公猪性情不安，影响正常发育，甚至造成恶癖。

2.青年公猪的调教

青年公猪可塑性很大，良好的习惯是求偶—爬跨—交配。要求公猪求偶时间短，爬跨部位正确，交配时间长，射精完全；调教不好，易导致胆小、暴躁，利用年限下降。公、母猪的交配可在公猪原栏内进行，地面不要太滑；对公、母猪的必要部位进行消毒处理。母猪处于发情旺期，易被爬跨，要求公、母猪体格相当，刚与其他公猪配过的母猪配种效果较好。另外，配种员应尽力协助，不得打骂；遇有难调教公猪，应有耐心，采取观摩方式，反复多次调教，直到成功；成功后应连续几天配种，就可形成条件反射。

3.公猪的配种强度

公、母猪的配种比例，本交时公母性别比为1：（20～30）；人工授精理论上可达1：300，实际按1：100配比公、母猪。

公猪的配种频率可按青年公猪每周配种2～3次，成年公猪可配种两天休息一天，但具体应视公猪的体质、性欲、营养供应等情况灵活掌握。值得注意的事项是，如果公猪使用过度，可导致精液品质下降，母猪受胎率下降，使用寿命减少；而使用过少则增加成本，公猪性欲不旺，附睾内精子衰老，受胎率下降。

4.种公猪的饲养管理

（1）工作目标。让公猪保持良好体况和旺盛的性欲，产生良好的精液，提高配种效果。

俗话讲"母猪好，好一窝；公猪好，好一坡"，可见公猪在养猪生产中的作用之大。饲养管理的重点是日粮的配合与投喂；关键是保持营养、运动和配种三者之间的平衡。

（2）饲养技术。公猪的性欲和精液品质与营养关系较大，特别是与蛋白质品质有密切关系。另外，公猪对维生素A、维生素E、钙、磷、硒、赖氨酸等营养要求较高，对能量要求不高。种公猪精液中干物质的主要成分是蛋白质（3%～10%）。在配种高峰期可适当补充鸡蛋、矿物质、多维等。在大规模饲养条件下，饲喂锌、碘、钴和锰对精液品质有明显提高作用。

生产中根据公猪的类型、负荷量、圈舍和环境条件等评定猪群，特殊条件下对营养做适当的调整。

公猪的饲养方式可采用一天一次或两次投喂，喂量需要视体况和配种强度而定，每天饲料摄入量2.3～3.0千克，全天24小时提供新鲜的饮水。公猪既不要过肥也不能过瘦，公猪过肥会导致性欲下降，配种能力差，过肥原因大多是饲养不当；公猪过瘦可能是生病导致食欲下降，营养摄入不够，或长期不使用导致性情不安，食欲下降等。

（3）管理技术。①加强运动：运动可提高神经系统的兴奋性，增强体质，提高配种能力和抗病力，对提高肢蹄结实度有好处。②定期检查精液品质：判断公猪质量，提高受胎率。③搞好防暑降温和防寒保暖工作，平时避免剧烈运动。短暂的高温可导致长时间的不育；刚配过种的公、母猪严禁用凉水冲身。④搞好疫病防治和日常的管理工作。如保持栏舍及猪体的清洁卫生、疫苗注射等。

（三）空怀母猪的饲养管理

母猪断奶后至配种妊娠前这阶段时间称为空怀期，一般母猪断奶至发情时间为3～5天。饲养目标是促进发情，增加排卵。对断奶母猪或未妊娠母猪，积极采取措施组织配种，缩短空怀时间。该阶段饲养管理存在的问题主要是母猪膘情差、恢复慢，发情不及时或不发情，母猪乳房炎或子宫炎，饲喂不当和配种时间掌握不好等。

1.饲养技术

在断奶前后各3天要减少配合饲料喂量，饲喂一些青粗饲料充饥，使母猪尽快干奶。

另外断奶后3～4天的母猪，根据母猪的膘情要灵活运用，分别处理。对膘情过差的母猪（5成膘以下）精饲料给量不减，减少青饲料，控制饮水3～4天；对膘情6～7成的母猪，精饲料给量减少1/3～1/2，控制饮水3～4天；对膘情较好的母猪，可停水停料1天，然后按一般母猪处理2～3天。

对产仔多、泌乳量高或哺乳后体况差的经产母猪，配种前采用短期优饲办法，即在维持需要的基础上提高50%～100%，喂量达3～3.5千克/天，可促使排卵；实行短期优饲，促进母猪的发情排卵可缩短再配种的间隔时间和增加产仔数。

2.母猪的催情

（1）第一胎母猪的不发情问题。这是规模猪场常见的问题，先查明原因，是营养性不发情还病理性不发情，或是其他原因，再采用针对性的措施。

（2）短期优饲。青年母猪于配种前10～14天进行短期优饲，喂给维生素A、维生素E含量丰富的饲料，日喂量为3.8千克。

（3）尽快恢复体况。断奶后体况较差的母猪可适当增加饲喂量，促进母猪尽快恢复体况，提早发情配种。

（4）断奶后半个月不发情的母猪可采用如下方法：

改变饲料种类，增加维生素A、维生素E。

调栏、并栏：把不发情的母猪合并到有发情母猪的圈内饲养，通过爬跨的刺激，促进母猪发情排卵。

增加青饲料：青饲料是维生素营养的优良来源，含有繁殖所必需的维生素A、维生素E等多种维生素。日粮中缺乏青饲料，常会导致发情失常，适当饲喂青饲料对母猪的繁殖性能有良好的作用。

利用公猪调情：适当地要与公猪接触，刺激发情。每天赶公猪诱情两次，公猪和母猪要做到鼻子对鼻子，两次时间间隔不少于9个小时，最好用两头公猪。

按摩乳房促进发情：分表层和深层按摩，表层按摩是在每排的乳房两边前后反复按摩。深层按摩是在每个乳房周围用5个手指捏摩（不捏乳头）。按摩方法：每天早晨饲喂后，表层按摩10分钟，发现母猪发情后，改为表层、深层各按摩5分钟。

进行驱赶运动：对于不发情的母猪进行驱赶运动，可促进新陈代谢，改善膘情，通过阳光照射，促进母猪发情。

光照刺激：在猪舍内安装10～12个日光灯，在晚间的时候适时开启，每天的光照时间在16～18小时，光照度100～150勒克斯。

激素处理：长期未达初情期或采取上述措施仍不能发情的母猪，可采用激素治疗。如肌内注射三合激素、绒毛膜促性腺激素或孕马血清等。对持久黄体引起的不发情，肌内注射前列腺素（$PGF_{2\alpha}$）。这种处理方法要慎重使用，需在专业人员指导下，选择合适的激素产品，注意使用方法。对长期（超过42天）不发情的母猪应淘汰。

3.管理

管理人员要经常检查母猪群，每天检查断奶母猪是否有乳房炎、子宫炎、阴道炎，观察母猪的采食情况、是否发情，做好记录以便于计划配种。通过检查生产记录及母猪的体况来决定母猪的淘汰。

4.配种

（1）母猪的发情。母猪的发情周期一般为18～24天，平均为21天，历经发情前期、发情期、发情后期和休情期。

发情前期：发情周期的开始阶段，表现为不安、食欲下降、外阴红肿，阴道分泌的黏液较少，不接受公猪的爬跨。

发情期：发情周期的高潮阶段，表现为鸣叫、跳栏、食欲减退，爬跨其他猪只，频频排尿，外阴充血红肿，阴道分泌的黏液量多且黏稠，接受公猪的爬跨，出现"呆立反应"。

发情后期：这是发情周期的恢复阶段，表现为性欲减退，站立反应消失，不接受公猪爬跨，阴道黏液排出量减少。

休情期：发情周期的安静阶段，生理活动处于相对静止时期，母猪恢复正常。

（2）母猪的配种时机。母猪发情期长短因品种、个体而异，短则1天，长则6～7天，平均3～4天，青年母猪比经产母猪短。

根据母猪发情的外部表现，掌握配种的最佳时机，一看阴户，充血红肿－紫色暗淡－皱缩；二看黏液，浓浊，粘有垫草时配种；三看表情，即出现"呆立反应"时配种受胎率最高；四看年龄，"老配早，小配晚，不老不小配中间"。注意强迫配种的母猪受胎率较低；为防止漏配，有时需用公猪进行试情；另外，有些母猪对公猪有选择性。

（3）配种方法。交配方法分为本交和人工授精，本交又被分为自然交配和人工辅助交配两种。人工辅助配种是在配种时，将公、母猪赶往指定地点，清洁消毒必要部位，待公猪爬跨时，将母猪尾拉向一边，进行配种。

人工授精可提高优良公猪的利用率，减少公猪的饲养头数，克服本交时体格悬殊的障碍，避免疫病传播。人工授精步骤包括采精、精检、稀释、分装、运输、镜检、输精等。

（4）配种次数：①单次配种，在发情期内只用一头公猪配种一次。②双重配种，用两头公猪先后间隔10分钟各交配一次，保证卵子对精子有选择余地。③重复配种，用一头或几头公猪在相隔12小时或24小时先后配种2～3次。生产实践中常用重复配种，其配种效果好，受胎率高。

（5）配种时注意事项：①在公猪熟悉的环境下进行，地面不要太滑，公、母猪体格相当。②配种前对公、母猪清洁消毒，防止配种时细菌进入生殖道，产生炎症。③确定母猪发情而又不接受爬跨时，应更换一头公猪或采用人工授精。④母猪配完后要按压其背部，令其轻轻走动，不让精液倒流。⑤配种完的公、母猪不能冷水淋浴，也不能躺卧在潮湿的地面。

（四）妊娠母猪的饲养管理

本部分口诀：

妊娠母猪有任务，关键是把母仔护；
防止流产和死胎，产出健壮仔猪来；
母猪妊娠有时间，平均一一四百天；
配后三周未发情，初步妊娠可定型；
配合四二天未见，妊娠无疑即可断；
如果发现还不对，出现发情继续配；
预产推算法不丢，月加四来日减六；
三三三算怕不保，查预产期推算表；
饲养管理有要点，合适体况是关键；
饲养密度要适宜，采食均匀易管理；

加强管理防流产，避免拥挤急转弯；
严禁鞭打和惊吓，以防滑倒与挤压；
不喂冰冻变质物，食后多把净水饮；
猪舍猪体要卫生，舍内需经常通风；
防暑降温不可少，喷水淋浴吹风好；
只要以上能做到，母仔平安尽可保。

从母猪配种受胎到分娩的这一过程称为妊娠，是母猪繁殖生产中最长的阶段，母猪妊娠期为108～120天，平均114天。基本任务是保证胚胎着床，防止化胎、流产和死胎的发生，使妊娠母猪每窝都产出数量多、初生重大、体质健壮和均匀整齐的仔猪，确保新生仔猪的活力和母猪泌乳，预防无乳症、乳房炎和子宫炎的发生。该阶段存在的主要问题是饲养不分阶段，死胎、流产，产仔数少，初生重低，母猪膘情太好（肥）和妊娠期增重过多。

1.胚胎在发育过程中三个死亡高峰

（1）第一个死亡高峰是妊娠的第9～13天。胚胎附植在子宫角，形成胎盘，这时易受各种因素的影响而死亡，饲料中能量过高、饲喂冰冻或霉变饲料、连续遭受高温环境等都会导致胚胎死亡。

（2）第二个死亡高峰在妊娠后大约3周。该时期是胚胎胚层分化时期、器官形成阶段，胚胎争夺胎盘分泌的营养物质，在竞争中强者存弱者亡，这两期的死亡数占合子数的30%～40%。

（3）第三个死亡高峰在交配后的60～70天。此期胎盘停止生长，而胎儿生长加速，由于胎盘机能不健全胎盘循环失常，影响营养通过胎盘，胎盘营养不足以支持胎儿发育，以致死亡，约占胚胎的15%。

2.胎儿的生长发育规律

表2　不同胎龄胚胎的重量占初生重量的比例

胎龄（天）	胎重（克）	占初生重比例（%）
30	2.0	0.05
40	13.0	0.90
50	40.0	3.00
60	110.0	8.00
70	263.0	19.00
80	400.0	29.00
90	550.0	39.00
100	1 060.0	76.00
110	1 150.0	82.00
出生	1 300～1 500	100.00

卵子受精后第18～24天胎盘形成，第30天胚胎重2克，此后重量迅速增加（表2）。妊娠80天时，每个胎儿的重量为400克，占初生重的29.0%。如果仔猪初生重按1 400g计算，在妊娠80天以后的短短34天时间里，每个胎儿的增重为1 000克，占初生重的71.0%之多，是前80天每个胎儿总重量的2.5倍。

胚胎2/3的体重是在妊娠后期的1/3时间内生长

的，即妊娠的最后一个月是胎儿生长发育的高峰期，故应增加饲料喂量，但注意产前一周减料。

3.饲养技术

在妊娠母猪的饲养上，一般把母猪妊娠期分为两个阶段，前80 ～ 90天称为妊娠前期，使用妊娠前期母猪料，后20 ～ 30天称为妊娠后期，使用妊娠后期母猪料。

（1）妊娠前期的营养需要。妊娠前期胚胎发育缓慢，需要的营养不多，精饲料喂得太多容易造成胚胎的早期死亡。因此，一般采取空怀母猪的饲养标准。

（2）妊娠后期的营养需要。妊娠后期尤其是后30天胎儿生长速度加快，母体的营养储备难以满足胎儿的需求，因而要提高饲料营养水平，这对胎儿的发育，提高产仔的质量，增加母体内营养物质的储备和产后泌乳需要都大有益处。妊娠后期母体子宫及其内容物体积增大，使腹腔压力增大，为了避免因采食而使子宫受到压迫，同时又要提高营养摄食量，应增加精饲料比例，减少饲料体积，或少吃多餐，防止母猪过食，消化不良或便秘。每头每日喂以上营养水平的混合料2.5 ～ 2.8千克。

在饲养过程中，根据妊娠母猪的膘情适当调整投料量，妊娠母猪应有中等膘情，经产母猪产前应达到七八成膘情。初产母猪要有八成膘情。过肥的母猪腹腔内脂肪组织压迫子宫而影响胎儿发育，产弱小仔猪；产后食欲不振、便秘、缺乳；泌乳期掉膘快，断奶后发情不正常；行动不便，压死仔猪。过瘦的母猪胎儿发育不良，产弱仔；体能储备少，产后掉膘快；泌乳少，胎儿存活率低；仔猪出生后生长速度慢。

妊娠母猪的身体状况不好（很消瘦），采用"抓两头"的饲养方式。体况良好的母猪可采用"前粗后精"的饲养方式。而对于初产和繁殖力高的母猪，应采取营养水平"步步高"的饲养方式（表3）。

表3　妊娠母猪的饲喂方案

阶　段	饲料类型	日喂量（千克）	营养水平
妊娠初期	妊娠母猪前期料	1.5～2.5	消化能≤12.54兆焦/千克，粗蛋白质≤13%
妊娠中期		1.8～2.2	消化能≤12.96兆焦/千克，粗蛋白质≤14%
妊娠后期	妊娠母猪后期料	2.5～3.5	消化能≥12.96兆焦/千克，粗蛋白质≥16%，赖氨酸≥0.8%

另外，根据母猪体况评分，适当增减，确定妊娠母猪采食量（图5、表4）。

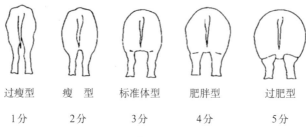

| 过瘦型 | 瘦　型 | 标准体型 | 肥胖型 | 过肥型 |
| 1分 | 2分 | 3分 | 4分 | 5分 |

图5　母猪的体况及计分

表4　根据母猪体况确定采食量

评　分	采食量变化（千克）
1.0	+0.60
1.5	+0.40
2.0	+0.30
2.5	+0.20
3.0	0.00
3.5	−0.20
4.0	−0.30
4.5	−0.40
5.0	−0.60

4.管理技术

保证饲料卫生，不能饲喂发霉、变质、冰冻、带有毒性及强烈刺激性的饲料；做好保胎工作，预防机械性或应激性流产和死胎；第一个月避免剧烈运动，此后可有逍遥运动，同时防滑防跌，产前一周应停止运动，以防止母猪在运动场上产仔；妊娠第一个月，为了恢复体力和膘情，要少运动；避免混栏、打架和饲养员粗暴打骂；防暑降温，防寒保暖，注意舍内外安静、干燥和清洁卫生；产前2周驱除体内外寄生虫；产前4周对母猪进行预防接种，提高仔猪的母源抗体水平；产前母猪常有便秘，需加入适量泻剂（如硫酸镁等，内服25 ～ 50克/次）；要有耐心地管理，做到人猪和谐相处。

（五）哺乳母猪的饲养管理

本部分口诀：

哺乳母猪强管理，环节重要高效益；
母猪泌乳有规律，前边要比后边足；
刺激放乳几十秒，每天二十多次好；
母猪分娩三天内，分泌初乳实可贵；
初乳含有大抗体，仔猪食后将病抵；
常乳适于胃肠道，多食乳汁很必要；
日泌乳量产后升，二三十天到高峰；
产后投料量不同，每日喂好四次行；
6、10、14、22宜，最后一餐不可提；
这样母猪有饱感，夜间寻食不立站；
踩死仔猪情况减，母仔休息保平安；
料水比例要相符，一比一至一点五；
泌乳不足人工催，采取措施要针对；
增喂易于消化料，胎衣中药有疗效；
哺乳母猪的重点，乳房乳头要勤管；
保护乳房和乳头，发育良好泌乳促；
冬季注意防保暖，夏季防暑将温减；
保持清洁与通风，严格哺养到始终。

　　哺乳母猪一般指妊娠母猪分娩后，处于哺乳期的母猪，是母猪繁殖中重要的生产阶段。基本任务是保证母猪安全产仔，泌乳正常，仔猪成活率高和断奶体重大，且生长均匀，母猪失重不要过多，体况好，便于断奶后正常发情配种。该阶段存在的主要问题是助产不力、难产处理不当、饲喂不合理，造成母猪泌乳不够和失重太多，以及发生乳房炎、阴道炎等。哺乳母猪一旦断奶后，状态就将变成空怀母猪。

1.分娩前准备

（1）产房准备。采用封闭式产房、高床漏缝地板、排气扇通风换气、全进全出等工作方式，小环境条件易于控制。栏舍清洁消毒，空栏一周后进猪；舍内空气干燥、卫生、保温，无穿堂风。

（2）母猪准备。母猪产前一周全身清洁消毒，驱除体内外寄生虫，进入产房；同时减少饲料喂量，提供洁净饮水。

（3）母猪临产症状。母猪配种后，要记录配种时间，根据妊娠期推算预产期，临近预产期时，常用"三看一挤"方法判断临产时间：

一看乳头，"奶头炸，不久就要下"。

二看尾根，产前母猪尾根下陷、松弛。

三看表现，产前6～12小时，坐卧不安，阴户流出稀薄黏液。"母猪频频尿，产仔就要到"。

一挤：挤乳，一般前面乳头出现乳汁则24小时内产仔；中间乳头出现乳汁，则12小时内产仔；若最后乳头有乳，则3～6小时内产仔。

2.接产

（1）做好接产准备。关闭门窗，准备洁净的毛巾、碘酊、剪刀、助产绳等。助产员剪平指甲，消毒手臂，母猪乳房和阴部用0.1%的高锰酸钾消毒，同时保持舍内外的环境安静卫生。

（2）接产操作。五字操作法"掏、擦、理、剪、烤"。

正常情况下，破水后半小时内会产出第一头，每隔5～20分钟产出一头，产程为2～4小时。

3.假死仔猪急救

有的仔猪产下后呼吸停止，但心脏仍在跳动，称为"假死"。急救办法以人工呼吸最为简便，操作时可将仔猪的四肢朝上，一只手托着肩部，另一只手托着臀部，然后一屈一伸反复进行，直到仔猪叫出声后为止，也可采用在鼻部涂酒精等刺激物或针刺的方法来急救。如果脐带有波动，假死的仔猪一般都可以抢救过来。具体操作方法是，尽快擦净胎儿口鼻内的黏液，将头部稍高置于软垫草上，在脐带20～30厘米处剪断；术者一只手捏紧脐带末端，另一只手自脐带末端捋动，每秒1次，反复进行不得间断，直至救活。一般情况下，捋30次时假死仔猪出现深呼吸，40次时仔猪发出叫声，60次左右仔猪可正常呼吸。特殊情况下，要捋脐带120次左右，假死仔猪方能救活。对救活的假死仔猪必须人工辅助哺乳，特殊护理2～3天，使其尽快恢复健康。

4.饲养技术

根据哺乳母猪的泌乳规律，合理安排母猪饲喂量。

（1）母猪的泌乳规律。猪是多胎动物，母猪一般有乳头6对以上，母猪每个乳头有2～3个乳腺团，分别有乳腺管通向乳头，各乳腺管及乳头之间相互独立，前面乳头粗长，暴露良好，乳汁较多，容易引起争食。无乳池，不能随时排乳，但分娩母猪是连续放乳的，以便仔猪生下即能吃上初乳。母猪分娩后泌乳量逐步增加，到3～4周时达高峰，以后逐步下降（图6）。

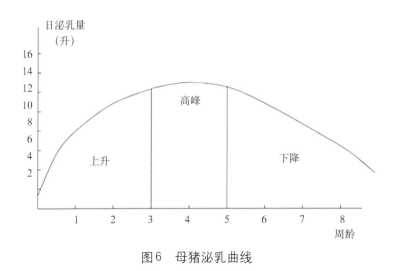

图6　母猪泌乳曲线

（2）母猪分娩前后的饲养技术。临产前5～7天应按日粮的10％～20％减少精饲料，并调配容积较大而带轻泻性饲料，可防止便秘，小麦麸为轻泻性饲料，可代替原饲料的一半。分娩前10～12小时最好不再喂料，但应满足饮水，冷天水要加温。分娩当天母猪可喂0.9～1.4千克日粮，然后逐渐加量，5～7天后达到哺乳母猪的饲养标准和喂量，必须避免分娩后1周内强制增料，否则有可能发生乳房炎、乳房结块，仔猪由于吃过稠过量母乳而腹泻。

（3）泌乳母猪饲养技术。产后不宜喂料太多，经3～5天逐渐增加投料量，至产后1周，母猪采食和消化正常，可放开饲喂。35日龄断奶条件下，产后10～20天日喂量应达4.5～5.0千克，产后20～30天泌乳盛期应达到5.5～6.0千克，产后30～35天应逐渐降到5.0千克左右，这时母猪泌乳量大为降低，仔猪主要靠补料满足营养需要，断奶后应据膘情酌减投料量。泌乳母猪最好喂湿拌料［料∶水＝1∶（0.5～0.7）］，如有条件可以喂豆饼浆汁。在饲料中添加经打浆的南瓜、甜菜、胡萝卜、甘薯等生态饲料，可以起到催乳的作用。

5.管理技术

泌乳期母猪饲料结构要相对稳定，不要频变、骤变饲料品种，不喂发霉变质和有毒饲料，以免造成母猪乳质改变而引起仔猪腹泻。日喂4～5次为好，时间为每天的6时、10时、14时和22时为宜，最后一餐不可再提前，这样母猪有饱感，夜间不站立拱草寻食，减少压死、踩死仔猪，有利于母猪泌乳和母猪、仔猪安静休息。保证饮水充足，饮水器应保证出水量及速度。猪舍内要保持温暖、干燥、卫生、空气新鲜，尽量减少噪声、大声吆喊、粗暴对待母猪等各种应激因素，保持安静的环境条件。有条件的地方，可让母猪带仔猪在就近牧场上活动，能提高母猪泌乳量，改善乳质，促进仔猪发育。

预防母猪难产，保证母猪、仔猪平安，母猪难产分为产道性难产、产力性难产和胎儿性难产。产道性难产主要是产道狭窄（多见初产母猪）、母猪过肥和母猪羊水不足，可采用剖宫产或使用油类润滑剂；产力性难产多见于母猪产程过长和胎龄过大，这种情形可使用催产素（缩宫素），促进仔猪产出；胎儿性难产主要是胎儿过大和位置不正（不多），处理方法是人工助产，注意规范操作，助产人员应剪短指甲，手和手臂用0.1%高锰酸钾溶液或2%来苏儿溶液洗净，再用酒精消毒，然后在手和手臂上涂抹油类润滑剂。猪外阴部周围也要用上述浓度的来苏儿液或高锰酸钾液消毒。助产器械煮沸消毒。在助产过程中，要尽量防止损伤和感染产道。助产后应当给母猪注射抗菌药物，以防感染，加强对母猪的产后护理工作。

（六）哺乳仔猪的饲养管理

哺乳仔猪是指从出生至断奶前的仔猪，是猪一生中生长发育最快的阶段，仔猪培育好坏将影响以后的生长发育，特别是影响肥育阶段的育肥速度。该阶段管理目标是仔猪成活率高、生长发育快、大小均匀、健康活泼、断奶体重大，为今后的生长发育打下基础。

1.哺乳仔猪的生理特点

哺乳仔猪的主要特点是生长发育快和生理上不成熟，从而造成难饲养，成活率低。

（1）体温调节机能不完善，体内能源储备有限。仔猪出生时大脑皮层发育不够健全，通过神经系统调节体温的能力差。还有仔猪体内能源的储存较少，遇到寒冷血糖很快降低，如不及时吃到初乳很难成活。

（2）消化器官不发达、容积小、机能不完善。仔猪初生时，消化器官虽然已经形成，但其重量和容积都比较小。仔猪出生时胃内仅有凝乳酶，胃蛋白酶很少，不能消化植物性蛋白质，只能吃奶而不能利用植物性饲料。

在胃液分泌上，由于仔猪缺乏条件反射性的胃液分泌，只有当食物进入胃内直接刺激胃壁后，才分泌少量胃液。随着仔猪日龄的增长和食物对胃壁的刺激，盐酸的分泌不断增加，到35～40日龄，胃蛋白酶才表现出消化能力，仔猪才可利用多种饲料，直到2.5～3月龄盐酸浓度才接近成年猪的水平。哺乳仔猪消化机能不完善的又一表现是食物通过消化道的速度较快，食物进入胃内排空的速度，15日龄的仔猪排空时间为1.5小时，而60日龄的仔猪需要16～19小时。

（3）缺乏先天免疫力，抵抗疾病能力差。初生仔猪出生时体内没有先天免疫力，存在于母猪血清中的免疫球蛋白，不能通过母猪血管与胎儿脐血管传递给仔猪，限制了母体抗体通过血液向胎儿转移。因而仔猪出生时没有先天免疫力，自身也不能产生抗体。只有吃到初乳以后，靠初乳把母体的抗体传递给仔猪，以后过渡到自体产生抗体而获得免疫力。

（4）生长发育迅速、新陈代谢旺盛。仔猪初生体重小，不到成年体重的1%，但出生后生长发育很快。一般初生体重为1千克左右，10日龄时体重达出生重的2倍以上，30日龄达5～6倍，60日龄达10～13倍。

仔猪生长快，是因为物质代谢旺盛，特别是蛋白质代谢和钙、磷代谢要比成年猪高得多。出生后20日龄时，每千克体重沉积的蛋白质相当于成年猪的30～35倍，每千克体重所需代谢净能为成年猪的3倍。所以，仔猪对营养物质的需要，无论在数量和质量上都高，对营养不全的饲料反应特别敏感，因此，对仔猪必须保证各种营养物质的供应。

2.初生仔猪的三个死亡高峰期

（1）初生期：从母体保护到体外独立生活，被冻死、饿死、压死的概率很大，尤其在出生后3天内。

（2）出生后3周左右：母乳产量及母源抗体水平下降，仔猪免疫系统尚未发育完善，同时仔猪生长发育处于旺盛时期，营养需要增加，需从饲料中获得。在这一时期，饲料没有达到一定喂量，仔猪生长将受到影响，极易引起仔猪死亡。

（3）断奶前后：吃奶向吃料过渡、环境过渡、饲料类型过渡，而仔猪的消化机能尚不完善。

3.饲养管理技术

哺乳仔猪的饲养管理主要是要强调"过三关""四防""三察看"。其中过三关是指出生关、补料关和断奶关；四防就是要防冻、防饿、防压和防病；而三察看指的是一察看粪便，观察仔猪是否健康，二察看仔猪睡眠，看舍内温度是否合适，三察看行为和叫声，看固定乳头情况。

（1）及早吃足初乳。初乳中含有许多母源抗体，对增加仔猪的抵抗力很有好处，另外，初乳中含有镁，能促进仔猪排出胎粪和刺激消化道活动。因此，必须保证仔猪初生2小时内吃到初乳，不吃初乳的仔猪难以养活。

（2）仔猪保温防压。新生仔猪调节体温的生理机制还不完善，皮下脂肪少，保温能力差，体内的糖原和脂肪储备一般在24小时之内就要消耗殆尽。在低温环境中，仔猪需要保温（表5）。

表5　仔猪的适宜温度

出生时间（日龄）	适宜温度（℃）
0 ~ 1	35
2 ~ 4	34 ~ 33
5 ~ 7	33 ~ 31
8 ~ 15	31 ~ 28
16 ~ 21	28 ~ 25
21 ~ 35	25 ~ 22

另外，母猪分娩后，往往因分娩疲劳或母猪身体过重，行动不便，母性不好，不会带仔，常常起卧不安，而仔猪体弱，不知躲避母猪，往往会被踩死或压死，需加强护理，或设立仔猪防护栏。

（3）仔猪补铁。初生仔猪体内铁的储存量很少，每1千克体重约为35毫克，仔猪每天生长需要铁71毫克，而母乳中提供的铁只是仔猪需要量的1/10，若不给仔猪补铁，仔猪体内储备的铁将很快消耗殆尽，导致营养性贫血症。造成仔猪对疾病的抵抗力减弱，死亡率提高，生长受阻。目前最有效的方法是给仔猪肌内注射铁制剂,一般在仔猪2日龄注射100 ~ 150毫克,2周龄再注射一次。

(4)固定乳头。为使同窝仔猪生长均匀,放乳时有序吸乳,在仔猪出生后2天内应进行人工辅助固定乳头,使其吃足初乳。在分娩过程中,让仔猪自寻乳头,待大多数仔猪找到乳头后,对个别弱小或强壮争夺乳头的仔猪再进行调整,把弱小的仔猪放在前边乳汁多的乳头上,体大强壮的放在后边的乳头上。固定乳头要以仔猪自选为主、个别调整为辅,特别要注意控制抢乳的强壮仔猪,帮助弱小仔猪吸乳。

(5)剪犬齿与断尾。仔猪出生后的第一天,可以剪掉仔猪的犬齿。对初生重小、体弱的仔猪也可以不剪。去掉犬齿的方法是用消毒后的铁钳子,注意不要损伤仔猪的齿龈,剪去犬齿,断面要剪平整。剪掉犬齿的目的是防止仔猪互相争乳头时咬伤母猪乳头或仔猪双颊。用于育肥的仔猪出生后,为了预防育肥期间的咬尾现象,要尽可能早地断尾,一般可与剪犬齿同时进行。方法是用钳子剪去仔猪尾巴的1/3(约2.5厘米长),然后涂上碘酒,防止感染。注意防止流血不止和并发症。

(6)提早开食补料。仔猪出生后5 ~ 7天即可开食,可采用自由采食方式,即将特制的诱食料投放在补料槽里,让仔猪自由采食。为了让仔猪尽快吃料,开始几天将仔猪赶入补料槽旁边,上下午各一次,效果更好。在饲喂方法上要利用仔猪抢食的习性和爱吃新料的特点，每次投料要少，每天可多次投料，开食第一周仔猪采食量很少，因母乳基本上可以满足需要，投料的目的是训练仔猪习惯采食饲料。仔猪诱食料要适合仔猪的口味，有利于仔猪的消化，最好是颗粒料。

（7）仔猪断奶方法。断奶对仔猪是一个很大的应激，饲料由液体奶变成固体饲料，生活环境由依靠母猪到独立生存，使仔猪精神上受到打击。如饲养管理不当，会引起仔猪烦躁不安，食欲不振，生长发育停滞，形成僵猪，甚至患病或死亡。

一次断奶法：一次性将母仔分开。简单易行，便于全进全出管理，适用于工厂化养猪。但易造成饲料类型、饲养环境等变化，仔猪精神不安，导致消化系统紊乱，出现腹泻等疾病；生产中常让仔猪在原栏饲养2～3天。

分批断奶法：按仔猪的生长发育和采食饲料等情况，同窝仔猪分批断奶。方法是先将较强壮、较大的仔猪先断奶，以照顾弱小仔猪。其既照顾了弱小仔猪，也照顾了母猪，但不利于全进全出的操作。

逐渐断奶法：断奶前4～5天，逐渐减少哺乳次数，直到完全断奶，使母猪和仔猪都有一个适应的过程。

（七）生长肥育猪的饲养管理

体重从20千克增长到60千克，这一阶段的猪称为生长猪，60千克到出栏则称为肥育猪。生长肥育猪是产品的定型阶段，该阶段的工作目标是少投入，多产肉，高效益。

生长肥育猪在70～180日龄生长速度是最快的，即从育成到最佳出栏体重，饲料消耗占养猪饲料总消耗的68.5%，是养猪经营者获得经济效益高低的重要时期。生长肥育猪的饲养管理相对较为简单，主要是提供充分的营养，搞好舍内外的卫生，提供充足饮水，保证猪只充分生长发育。

1.生长肥育猪的发育规律

（1）猪体重的增长。肉猪体重的增长一般以平均日增重来表示，日增重与时间的关系呈一条钟形曲线（图7）。生长育肥猪的生长速度先是增快（加速度生长期），到达最大生长速度（拐点或转折点）后降低（减速生长期），转折点发生在成年体重的40%左右，相当于育肥猪的适宜屠宰期。根据生产实践，猪于体重达到90～100千克时生长速度最快。

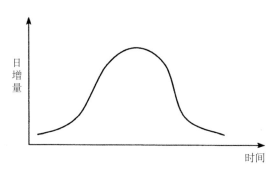

图7　生长育肥猪体重增长曲线

（2）体躯各组织生长发育规律。随年龄增长，骨骼最先发育，也最早停止，肌肉生长发育处于中间，脂肪是最晚发育的组织（图8）。三种组织生长的快慢、多少与品种有很大关系，瘦肉型品种体重在30～100千克时，肌肉保持高速生长，此后逐渐下降。

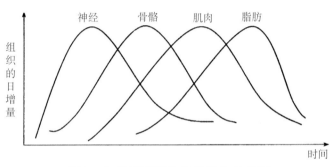

图8　生长肥育猪体组织的生长曲线

一般情况下，生长育肥猪20～30千克为骨骼生长高峰期，60～70千克为肌肉生长高峰期，90～110千克为脂肪蓄积旺盛期。在生产实践中，肥育前期（60～70千克以前）采用高营养水平，尤其是充足的蛋白质，以促进骨骼和肌肉的快速生长；后期（60～70千克以后）采取限制饲养，特别是控制能量饲料在日粮中的比例，以减少脂肪沉积，提高瘦肉率，获得良好的胴体和肉质。

2.选择适宜的肥育方式

（1）"一条龙"育肥法（直线肥育法）。按不同的生理阶段，采用不同的营养水平和饲喂技术，从开始至出栏一直用较高的营养水平，后期适当降低能量，防止过肥。以这种方式饲养的猪增重快，饲料转化率高，这是现代集约化养猪生产普遍采用的方式。

然而，按"一条龙"育肥法饲养的生长育肥猪体内往往沉积大量的体脂肪而影响其瘦肉率。为了兼顾增重速度、饲料转化率和胴体瘦肉率，商品瘦肉猪应采取"前敞后限"的饲养方式，即在育肥猪体重达到60千克以前，按"一条龙"饲养方式，采用高能量、高蛋白质饲料；在育肥猪体重达60千克后，适当降低饲料能量和蛋白质水平，限制其每天采食的能量总量。

根据体重分为二阶段或三阶段进行饲料配方，提供均衡合理的营养。

（2）吊架子育肥法（阶段育肥法）。是在较低营养水平和不良的饲料条件下所采用的一种肉猪肥育方法。将整个过程分为小猪、架子猪和催肥三阶段进行饲养。小猪阶段饲喂较多的精饲料，饲料能量和蛋白质水平相对较高。架子猪阶段利用猪骨骼发育较快的特点，让其长成骨架，采用低能量和低蛋白质的饲料进行限制饲养（吊架子），一般以青粗饲料为主，饲养4～5个月。而催肥阶段则利用肥猪易于沉积脂肪的特点，增大饲料中精饲料比例，提高能量和蛋白质的供给水平，快速育肥。这种育肥方式可通过"吊架子"来充分利用当地青粗饲料等自然资源，降低生长育肥猪饲养成本，但它拖长了饲养期，生长效率低，在现代追求肉品风味，强调猪肉口感时，这种肥育方法可满足这种要求。

（3）饲喂方法。生长育肥猪的饲喂方法，一般分为自由采食和限量饲喂两种。限量饲喂主要有两种方法，一是对营养平衡的日粮在数量上予以控制，即每次饲喂自由采食量的70%～80%，或减少饲喂次数；二是降低日粮的能量浓度，把纤维含量高的粗饲料配合到日粮中去，以限制其对养分特别是能量的采食量。

自由采食增重快，沉积脂肪多，饲料转化率降低；限量饲喂提高饲料转化率，胴体背膘较薄，但日增重较低。因此，若要得到较高日增重，以自由采食为好；若只追求瘦肉多和脂肪少，则以限量饲喂为好。如果既要求增重快，又要求胴体瘦肉多，则以两种方法结合为好，即在育肥前期采取自由采食，让猪充分生长发育，而在育肥后期（55～60千克后）采取限量饲喂，限制脂肪过多地沉积。

（4）适宜的活体屠宰体重。育肥猪后期日增重速度明显减慢，且以脂肪沉积为主，所以越喂越不合算，而且肥肉增多，不好销售；不足屠宰体重，虽饲料利用率高，但因体重小而出肉率低，经济上也不合算，因此，应根据品种和杂交方式确定肥育猪适宜的活体屠宰体重。

　　我国地方猪种中早熟、矮小的猪及其杂种猪适宜屠宰活重为70 ～ 75千克；其他地方猪种及其杂种猪的适宜屠宰活重为75 ～ 85千克；我国培养猪种和以我国地方猪种为母本、国外瘦肉型品种猪为父本的二元杂种猪，适宜屠宰活重为85 ～ 90千克；以两个瘦肉型品种猪为父本的三元杂种猪，适宜屠宰活重为90 ～ 100千克；以培育品种猪为母本，两个瘦肉型品种猪为父本的三元杂种猪和瘦肉型品种猪间的杂种后代，适宜屠宰活重为100 ～ 120千克。

三、生态猪舍及高床的建筑设计

（一）生态猪舍设计的基本原则

1.符合猪的生物学特性

应根据猪对温度、湿度等环境条件的要求设计，尽量改善舍内的气候环境，一般要求猪舍温度保持在 10 ~ 25℃，相对湿度在45% ~ 75%为宜。为了保持猪群健康，提高猪群的生产性能，要保证舍内空气清新，光照充足，因此设计时要特别注意通风和采光的要求。

2.适应当地的气候条件

由于各地的自然气候及地区条件不同，对猪舍的建筑要求也各有差异。降水量充足、气候炎热的地区，主要是注意防暑降温；高燥寒冷的地区应考虑防寒保温，力求做到冬暖夏凉。

3.便于科学管理

按照现代化养猪的生产管理要求，满足全进全出需要。在设计生态猪舍时应根据生产管理工艺确定各类猪栏数量，然后计算各类猪舍栋数，实现一环扣一环的流水式作业。

4.利于环保节能

应充分考虑养殖污水、粪便、尿液等废弃物的收集、处理，便于后续资源化利用，生态猪舍还要重点考虑如何节约养殖用水。

5.利于高效饲养

设计猪舍要求操作方便，配置必要的养殖设施设备，降低劳动生产强度，提高生产效率。

6.利于防疫

要保证正常的生产，必须将卫生防疫放到重要位置。猪舍应尽量多地利用生物性、物理性措施来改善防疫环境，结合地形条件、风向条件，设计必要的设备，满足防疫需要。

7.控制适宜的建筑成本

应结合现代畜牧业的发展趋势，设计适宜的猪舍面积和高度，应用先进实用的建筑材料，满足生态生产需要，同时也要兼顾建筑成本，实现养殖增收盈利。

（二）生态猪场的规划布局

1.选择一个合适的场址

应符合畜牧业区域发展规划，了解清楚各地划定的畜禽养殖禁养区、限养区和可养区。严格执行国家《畜禽规模养殖污染防治条例》的相关精神，场区便于建造与养殖规模配套的废弃物收集、处理场所。还要综合考虑地理位置、土质、水质、电力以及占地面积、交通等要素。

畜牧场场址选择要从两方面考虑，一方面是根据当地的自然条件（地形地势、水源、土壤等），另一方面根据当地的社会经济状况（居民点、交通运输、动力、劳动力等）。做到正确选择场地，以免牧场建成后，发现不适而给生产造成损害。

（1）地形、地势。地形指场地的形式大小和地物情况。要求开阔整齐，不要过于狭长，边角不要太多，否则会影响建筑物的合理布局；畜牧场边线拉长，不利于防疫，机械化难以实现，有效利用面积不多。地势指场地的高低起伏状况。要求地势高燥，高出历史洪水线以上，其地下水位应在2米以下，保证良好的排水，使空气环境保持干燥、温暖，有利于家畜的体温调节，减少发病机会。低洼潮湿地不利于家畜饲养，但也不宜把畜牧场选择在凸出的山顶上，这样冬季风速过大，影响畜舍保温。向阳，使家畜经常受到日光照射，促进钙、磷代谢，使骨骼强壮。畜牧场的地面要平坦而稍有坡度，以便排水，地面坡度以2%～5%为理想，最大不过25%。山坡坡度大，暴雨时往往形成山洪，对家畜不够安全，修建畜舍时，施工困难，投资大，饲养管理及运输不便。

（2）水源与土壤。水量要求充足，水质良好，取用方便，便于防护。土壤要求未被污染过，地下水位高，沼泽性强的土壤不能建场，沙壤土建场最好，透水性、透气性好，容水量及吸湿性小，毛细管作用弱，导热性小，保温良好。

（3）社会关系。因畜牧场是污染源，应选择在居民点下风方向，地点低于居民点，但应离开居民点污水排出口，更不应选在化工厂、屠宰场、制革厂等容易造成环境污染企业的下风处，牧场与居民点距离应在200米以上，大型畜牧场与居民点距离应在1 500米以上。畜牧场应建在交通方便的地方，但与主要公路的距离至少要100米，如有围墙可缩短到50米左右。供电条件要好。

环保条件要考虑周围地区有无处理畜牧场废弃物的条件，而又不会造成附近地域环境污染。畜牧场的规模要与建场地域对废弃物的利用相适应。从环境保护的观点合理规划畜牧场，是搞好环境保护的先决条件。在对一个畜牧场选点、建设之初，就必须从环境保护着眼，依据相关法规科学规划，合理布局，合理选择地理位置，合理规划规模和场内建筑，合理规划畜产废弃物的处理和综合利用措施，防止畜牧场污染周边环境，同时也要防止周边环境已存在的污染影响畜牧场。

2.场地规划和建筑布局

结合地形地势和周边环境、工艺模式、建筑设施的功能和彼此逻辑关系，做好全场的分区规划和建筑布局。

（1）场区规划。一般分为生活管理区、辅助生产区、生产区和隔离、粪污处理区（图9）。应按照夏季主导风向和地势对各区进行合理布局，一般要求管理区位于生产区的上风向和地势较高处，并间隔一定的距离，管理区与生产区一般相隔50～100米，隔离区位于生产区的下风向和地势较低处，各区之间用隔离带或围墙隔开，界限要清晰，并设置通道和消毒设施。

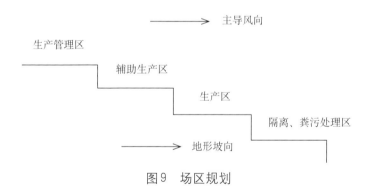

图9　场区规划

生活管理区：包括办公室、接待和会议室、财务室、技术检测室、食堂、宿舍等。

辅助生产区：包括供水、供电、供热、维修和仓库等建筑物，为猪场正常生产的后勤部门。

生产区：应位于全场的中心地带，包括猪舍和生产设施，是场区的主要建筑区，一般占全场总面积的70%～80%。

隔离、粪污处理区：包括兽医院（室、间）、堆粪场、粪污处理设施、病畜隔离舍及病死猪处理设施等，设在生产区的下风向，地势最低，与生产区有一定距离。

（2）猪场建筑物布局。在于正确安排各种建筑物的位置、朝向、间距。

场内道路：净道与污道分开，净道的功能是人行和饲料、产品的运输，污道为运输粪便、病猪和废弃设备的专用道。

猪舍的朝向：综合考虑主风向及光照对猪舍的影响，猪舍以坐北朝南为宜。

猪舍的间距：一般猪舍间距可为舍高的3～5倍，而小型单栋猪舍之间的距离前后间距可为12～15米。

猪场绿化：绿化应纳入猪场总体规划，包括场界四周绿化、道路两旁绿化和运动场绿化。做到常青树种与落叶树种、速生树种与慢生树种、高秆与矮秆合理搭配，花、草、林结合。

（三）生态猪舍的工艺设计

1.双层栏舍

为使猪群的身体与粪尿分开，采用双层栏舍设计，即上层饲养猪群，下层收集粪尿。

2.漏缝地板

猪舍上下层之间使用漏缝地板，漏缝地板的面积不少于猪栏地面的1/3，使猪的粪尿能通过漏缝地板落到下层。

3.益生菌发酵

为保持猪群健康及控制舍内有害气体，同时促使猪粪发酵，建议添加使用益生菌。

4.凹墙饮水

采用节水型"凹墙碗式"饮水器，最大限度节约猪群的养殖用水量。

5.余水回流

增设饮用余水回流、收集装置，避免余水混入猪群的粪尿中，增加粪污产生量。

6.负压通风

在栏舍两端设计安装风机和水帘，利用舍内负压形成通风，使舍内空气与外界空气交换，保持舍内空气清新。

7.免冲栏舍

杜绝用水冲栏，粪污利用漏缝地板自引踩落，并采用人工辅助清粪，使粪便能得到及时清除，保持栏舍干净卫生。

8.火焰消毒

在饲养工艺上严格控制化学消毒药品的使用，提倡用火焰消毒代替消毒水消毒，减少消毒药品对环境的污染和对粪堆发酵的影响，提高消毒效果。

（四）高床生态猪舍的类型

1."高架网床+益生菌"生态养殖模式

（1）栏舍设计。为全封闭式栏舍，钢混双层楼结构，栏舍长度50～60米，宽度9～10米，总高度≥6米，其中，下层为集粪区，高2～2.5米，上层为养殖区，高3.5～4米。中央通道宽度为1.2米左右，通道地板为混凝土结构，与入口相连（图10至图15）。

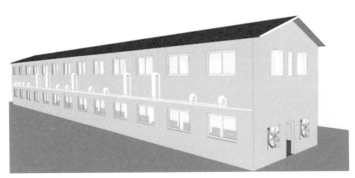

图10　栏舍外观

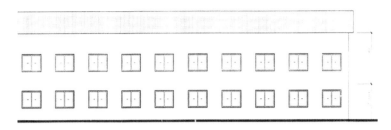

图11　栏舍正立面

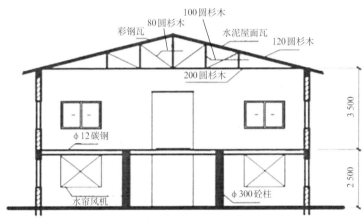

图12　栏舍剖面（单位：毫米）

图13　集粪区透视

图14　上层养殖区

图15　下层集粪区

上层养殖区根据饲养管理需要用格栅栏分隔成若干个栏位，每一小栏单间靠近人行通道一侧设置猪栏门。栏舍顶部应用隔热材料建造，下层顶梁柱采用钢筋混凝土制成，上层和下层纵向两端都加装多个可推拉的铝合金窗户。

（2）技术要点。

添加益生菌：将商品益生菌按说明添加方式在全价饲料中搅拌均匀饲喂。

粪便堆积发酵：从猪进栏开始每隔3～5天对下层的粪堆周围进行清扫堆积1次，每7～15天向粪堆喷洒专用微生物制剂，同时撒入锯末、谷壳或碎秸秆补充碳源，维持菌群生长，保证粪便持续发酵。发酵产热蒸发水分，通过底层负压风机将水气抽出，粪便含水量平衡在30%左右。待猪全部出栏后，将发酵好的粪便全部清理，存放在储粪房供种植业使用或供有机肥加工厂做原料。

环境处理：每隔10～15天对栏舍内外环境喷雾微生态制剂1次，禁止在栏舍内外环境中使用化学消毒药液。

（3）适用范围。适用于饲养育成、育肥猪，饲养密度以1～1.25头/米^{2}为宜。

（4）优缺点。①优点：免水冲洗，饮用余水收集回流，全程无污水排放，有效解决猪场污水处理难的问题；添加益生菌饲喂，减少猪肠道等疾病发生，杜绝抗生素等药物滥用，保障猪肉食品安全；猪与粪便完全分离，给猪提供清洁、舒适的生长环境，提高生长速度，增加养殖效益；猪粪充分发酵后可制成初级有机肥，变废为宝。②缺点：栏舍建设成本大，为1 200～1 500元/米^2；增加益生菌的成本投入。总之投资成本较高。

（5）设施设备。

全漏缝扭纹钢地板：人行通道的左右两侧至墙体的横梁上设置全漏缝扭纹钢地板，地板由直径12毫米的扭纹钢材料拼接而成为高架网床（图16），漏缝间隙10 ～ 12毫米，既保证猪脚不被钢筋缝隙夹住，又能满足猪的承重要求，且猪排泄物直接从钢筋缝中掉入集粪区，即使难掉下的粪便，猪来回走动加上钢筋网床的弹性，粪便也很容易掉入集粪室，不需要用水清洗。下层地板为混凝土结构，稍有坡度。

图16　全漏缝扭纹钢网床

风机和水帘：屋顶采用隔气隔热材料建设，上下层纵向两侧均安装若干个可推拉大框架铝合金窗。栏舍一端下层分别安装负压抽风机（图17），另一端上层安装水帘。舍内空气流动方向见图18。

图17　风机

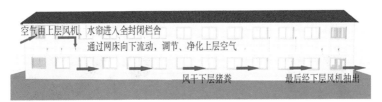

图18　舍内空气流动方向示意

凹墙式饮水装置（图19）：用直径25厘米的PVC管弯头作为饮水器且安装在上层墙体内，外用管道将饮水时滴漏的余水收集外排，避免饮用余水滴流到底层发酵粪堆，致使水分增加。

图19　凹墙式饮水装置

余水回流与收集设施：在栏舍外南北墙各安装直径10厘米的PVC管，与每个碗式饮水器相连，使得猪饮水时从嘴角浪费的多余水能够回流汇聚至PVC管中。在栏舍一端砌筑容积不小于6米^{3}的水泥池或加装若干塔式水桶，用于收集储存回流的猪群饮用余水（图20）。

图20　舍外饮用余水回流及余水收集池

2. "高床节水+舍外发酵"生态养殖模式

其核心是改变传统水泥地面栏舍设计，转为将"漏缝地板""斜坡集粪槽""饮用余水导流设计"三者有机结合的节水型养殖方式，再把粪槽中收集粪尿转移到舍外发酵床进行微生物分解处理。

（1）栏舍设计。开放式栏舍，采用砖混式或钢架式主体建构。上层高度不低于3.5米，长为35～50米，宽为8～12米。中央通道宽度1.2米左右，栏舍顶部设置换气天窗，上层南北墙安装保温卷帘。栏舍下层高度约为1.4米，设置斜坡集粪槽，采用横纵向斜坡设计，尿液自流进入集水沟收集，易于废水的收集和处理；干粪由于流动性差被截留在斜坡上，实现固液分离，大大降低废水中有机物的浓度（图21至图24）。

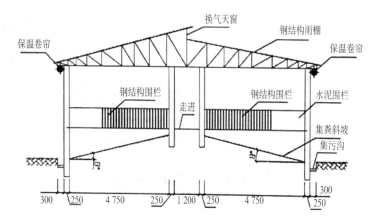

图21 高架节水栏舍立面（单位：毫米）

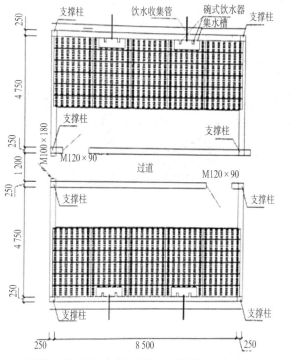

图22 高架节水栏舍平面（单位：毫米）

图23　集粪斜坡

图24　清粪道在中间、两侧

（2）舍外发酵床设计。本着简单易行、低廉高效的原则，兼顾舍外发酵床要具备防雨防渗的功能，建议使用简易塑料大棚和轻钢结构的两种建筑形式。

简易大棚结构：骨架结构钢管（直径22毫米，厚度1.2毫米）采用热镀锌工艺，零配件采用热镀锌板冲压成型，部分零件经包塑和电泳漆处理，防腐性能强，使用寿命长。

建设规格要求：跨度6～8米，长度按需要定制，钢管间距1米，肩高1.4～1.5米，顶高2.4～2.5米。

单坡轻钢结构：单坡轻钢结构建议采用半开放式的建筑形式，其参考跨度4.3米，钢构屋檐高度2.0米，屋顶高度2.5米，排水坡度20%，排水渠20厘米×20厘米。柱体间隔6米，钢构长度根据需要建设（图25）。

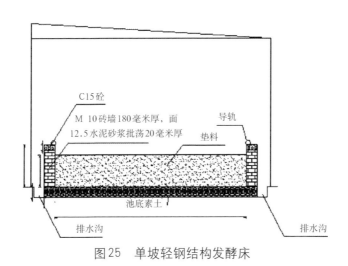

图25　单坡轻钢结构发酵床

每饲养500头猪需要配套建设发酵床的面积为90～100米^2。发酵床一般要求沿高70～80厘米，池壁以砖混结构为主，近上端根据翻耙机的重量确定混凝土结构承重高度，池壁宽410～430毫米，池底部以天然土为宜。

（3）技术要点。

工艺流程：见图26。

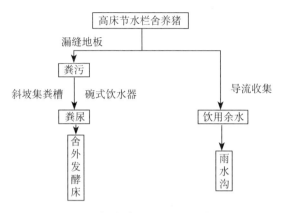

图26　高床节水养殖工艺流程

　　舍外发酵床的制作与维护：发酵床就是在池内填充一定厚度的混合有功能微生物且具有发酵作用的垫料。发酵床良好的运行过程是功能菌正常生长繁殖，并完成粪污降解转化的过程，在这个过程中以有氧代谢反应为主，以厌氧和兼性厌氧为辅，维持这一过程所需的条件包括垫料中的碳氮比适宜的营养源、相对充分的氧气及合适的温度、水分含量和酸碱度等。因此，垫料的选择、功能菌的选择、发酵床制作与维护都是该项技术的核心（图27）。

　　垫料原料选择：垫料原料要求碳氮比高、木质素含量高、不易被分解、疏松透气、吸附性能强、无毒无霉变、无明显杂质等。在实际生产中，垫料原料要求来源广泛，采集方便，价格低廉。通常垫料中碳氮比应保持在（20～40）∶1较为理想。当碳氮比=（25～35）∶1时，发酵过程最快；当碳氮比<20∶1时，微生物的繁殖因能量不足而被抑制，有机物的分

解能力下降；当碳氮比＞35 ：1时，有利于发酵过程的升温，但消耗垫料过快。由于猪粪的碳氮比为7 ：1，是提供氮素的主要原料，因此垫料配方的总碳氮比应大于25 ：1。

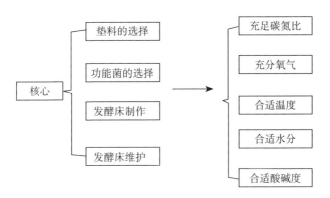

图27　发酵床的制作与维护技术核心

　　最常用的垫料是锯末、稻壳等。其中锯末细度不应低于0.5 ～ 1毫米，稻壳不宜粉碎，否则持水性、透气性较差，影响发酵效果。锯末与稻壳一般按60%和40%混合制成垫料，这种混合垫料优势在于提高锯末的透气性，降低纯锯末湿润后的黏结性。锯末碳氮比高，疏松多孔，保水性好，最耐发酵，可以延长垫料的使用年限。而稻壳、花生壳、玉米芯、蘑菇渣等也是很好的原料，透气性能比锯末好，但吸附性能稍次于锯末，糖类比例比锯末低，灰分含量比锯末高，使用效果和寿命不如锯末。如果锯末比较缺乏，垫料中锯末比例不低于20%。

　　菌种选择：发酵床降解粪污过程是通过多功能菌

群协同作用，由多种物质共同参与复杂的生物化学反应过程。因此，理想的发酵床功能菌群要具备自身活力强、休眠性好、对粪尿降解效率高，不产生明显有害物质等特点，是发酵床最重要的组成成分。发酵床功能菌来源有两方面，一是自制土著菌，即在当地选择海拔较高的山上，且落叶或腐殖质丰富区采集土壤中的微生物（山上微生物生存环境比较恶劣，生命力顽强，并且受人类活动影响较小，菌种较原始），进行培养扩繁生产的菌剂。二是商品菌剂。此类菌剂是经人工培养筛选加工而成，可以和垫料及猪粪尿中的有益微生物产生协同功效，实现高效降解粪尿的目的，使用也相对简便。在实际生产中，建议选择商品菌剂。商品菌剂使用按产品说明操作。发酵床功能菌剂使用时一般要先用麸皮或玉米粉等能量饲料稀释活化，以提高其发酵效果。

垫料湿度：将垫料原料、菌种和辅料等搅拌混匀，在搅拌过程中根据原料的湿度适当喷洒洁净水，垫料湿度达到40%～60%。感官标准为用手握紧垫料略成团而指缝无渗水，松开后感觉蓬松，抖落垫料后手心感觉有潮湿但无水珠。

垫料的制作：在发酵床中将垫料原料（锯末、谷壳、菌液及清洁水、麦麸或米糠）充分混合均匀。垫料铺设厚度350～450毫米，每平方米发酵床需垫料3～5包（饲料袋包装）。发酵垫料的制作主要分为分层垫料制作和混合垫料制作两种模式。

分层垫料制作模式：将不同垫料按照先后顺序铺

设，每一层均匀撒一定量的垫料（锯末、稻壳、树叶等）、菌种（按其使用说明添加麸皮或玉米粉等稀释，一般是菌剂的5～10倍）混合物，达到预定厚度后即可。该模式操作简单，所需劳力少，但易出现发酵效率不稳定、菌种需求量大等现象。

混合垫料制作模式：将垫料、菌种和辅料（麸皮或玉米粉等，占垫料的2%～3%）混合均匀，垫料湿度为40%～60%。正常情况下，垫料发酵6天后，垫料中心温度上升到50～70℃时，即可摊开厚35～40厘米发酵床使用。该模式菌种用量少，发酵效果好，但由于需要全面翻动，劳动强度大。混合垫料制作包括垫料池直接制作法和集中统一制作法。直接制作法即将制作垫料的各种原料按比例直接导入垫料发酵池中，用机械混合均匀堆积在一旁或角落发酵即可，适用于中小规模养猪场户。集中统一制作法即在舍外场地由机械混合搅拌均匀后堆积发酵，将完成发酵的垫料再填入垫料池，该法可用较大的机械操作，灵活且效率较高，适用于规模较大的养猪场，新制作垫料通常采用此法。

发酵床的维护：发酵床维护的目的是保持发酵床正常的菌群平衡，让降解粪便的微生物始终处于高效分解状态。发酵床维护包括合适的碳氮比、水分和通透性等。

粪尿添加：每3～5天加入1次猪粪尿，使用人工或机械的方式将粪尿均匀地撒入发酵床中，不得将粪尿集中堆积在发酵床的某一区域，而是要与垫料混合均匀，这样发酵床中的微生物才能在较短的时间内将粪尿消化分解彻底。

水分调节：由于发酵床垫料中水分的自然挥发，垫料湿度会逐渐降低，当垫料水分降到一定水平后，微生物的生长繁殖就会受阻或者停止。垫料中适宜的水分，是保持垫料微生物正常繁殖、维持垫料粪尿分解能力的关键因素。如果发现垫料过于湿润，可增加垫料翻耕次数，或及时补充新鲜干燥垫料，以便通过蒸发、稀释等手段降低水分含量。如果发现垫料过干，可喷洒一定量的猪粪尿。在实际生产中，一般检查垫料水分时，可用手抓起垫料攥紧，如果感觉潮湿，松后即散，可判断水分含量为40%～50%；如果感觉有水但未流出，松手后成团，抖动即散，可以判断水分含量为60%～65%；如果攥紧垫料有水从指缝滴下，则说明水分含量为70%～80%。发酵床日常管理应保持水分含量在40%～60%即可。

垫料翻耙：保持垫料适当的通透性、获得足够的氧气是保证发酵效果关键因素之一。通常简便的方法是将发酵床垫料经常翻动。在实际生产中为提高工作效率，建议选择使用自动翻耙机或微耕机进行翻耙，每天至少翻耙一次，深度能达到25厘米左右为宜，每隔一段时间（50～60天）要彻底翻动一次，并且将垫料层上下混合均匀。

补充菌种：定期补充菌种是维护发酵床微生态平衡，保持其粪尿持续分解能力的重要手段。微生物的特性是繁殖快、生长退化也快。环境的剧烈变化会导致微生物的种群结构发生变化。为了确保有益微生物的生长繁殖及种群数量，必须定期对发酵床补充菌种，使添加的目标微生物始终保持优势种群数量地位。使用匀浆池的养猪场（户）可以在粪尿中直接加入菌种，混匀后直接随粪尿撒入发酵床；没有使用匀浆池的养猪场可直接将菌种活化稀释后喷洒到发酵床上。

补充垫料：发酵床在发酵分解猪粪便的同时，垫料也不断被消耗，及时补充垫料是保持发酵床功能稳定的重要措施。根据发酵床粪便分解状态补充垫料，一般每隔3～4个月补充原垫料的10%左右即可。补充垫料的质量配比要与首次铺设垫料时的标准一致，新料要与原发酵床垫料混合均匀，并调节适宜的水分。

更换垫料：更换垫料的原则是在垫料分解粪尿活力明显下降时进行更换，如明显感觉到粪便的分解消失情况不如以前，发酵床臭味比较大了，即使补充菌种，翻挖垫料，也无法改善这种状况，则有必要进行垫料的更换了。垫料的使用寿命和更换的频率由垫料原料的惰性、粪便量、垫料日常管理等因素决定。一般使用锯末+稻壳制作的发酵床，只要维护管维良好，使用年限在3年左右。

（4）适用范围。适合大规模养殖场，饲养育成、育肥猪，饲养密度以0.8～1.0头/米^{2}为宜。

（5）优缺点。①优点：栏舍免冲洗，饮用余水导流进入雨水沟，有效减少废水的产生量，降低污水排放；舍内环境好，漏缝地板干净卫生，改善家畜卫生和防疫条件；斜坡设计容易实现固液分离，方便收集，同时减轻末端固粪和污水的处理压力。猪粪尿不对外排放，依靠微生物和垫料的协同发酵作用，将粪便降解转化为菌体蛋白、二氧化碳和水等，从而达到猪场粪尿的"零排放"，实现了养猪发展和环境保护的协调统一，具有良好的生态和社会效益。利用锯末、稻壳、秸秆等作为发酵床垫料，垫料中的有益微生物消化分解粪便后用于果树、农作物的肥料，可实现资源的循环利用，同时，可避免大量锯末、稻壳、秸秆等随意堆放或焚烧造成的环境污染等问题的发生。②缺点：初期投资成本较高；工艺水平及运行管理要求较高；栏舍内粪尿存于漏缝地板下沟槽内，一定程度上增加了舍内氨气等有害气体浓度。舍外发酵床垫料的肥料有一定重金属元素的富集，在使用时应测土配方施肥。

（6）设施设备。

漏缝地板：猪场栏舍设计采用漏缝地板（全漏缝或2/3漏缝地板），地板材质可以为水泥或是扭纹钢（图28、图29），猪粪尿通过漏缝地板进入栏舍架空

图28　水泥漏缝地板

图29　扭纹钢漏缝地板

层集污区，便于粪便的收集，做到干湿分离，同时实现猪场免冲栏工艺，大大降低废水产生量。

　　饮水设施：饮水装置采用碗式饮水器，饮水器下部设计水泥槽将饮用余水通过专用管道引入清洁水池避免饮用余水进入粪污处理系统，减少废水产生量（图30）。

图30　饮用余水收集

　　自动清粪设施：猪粪和尿液一起被踩入或直接漏入粪沟，粪沟中的固体粪便可以采用机械清粪方式。常用的机械清粪方式有链式刮板清粪、往复式刮板清粪等（图31）。

图31　往复式刮板清粪装置

　　导轨式翻耙机：为提高垫料翻耙效率，降低劳动强度，建议安装使用导轨式翻耙机（图32），需按要求建设导轨。

图32　导轨式翻耙机

四、高床生态猪舍的环境控制

（一）生态猪舍有害气体的控制措施

猪舍内的空气由于受到猪呼吸、生产过程以及有机物分解等因素的影响，容易产生对人和家畜有直接毒害作用的有害气体例如氨气、硫化氢、甲烷等，阻碍正常的生理活动。猪舍中的有害气体对猪的影响是长期的、连续的，重则引起急性症状，严重伤害猪的健康和生产性能，甚至造成死亡；轻则使家畜的体质变弱，增重减缓，产量下降，尤其是北方地区，在寒冷季节往往门窗紧闭，造成畜舍内空气污浊，大型的集约化养殖的封闭畜舍，饲养密度大，空气环境很容易恶化，因此，消除畜舍内的有害气体，确保家畜的健康和提高家畜的生产性能，是饲养管理工作中非常关键的环节。

1.畜舍内有害气体的种类

对人和家畜健康有不良影响的气体都称为有害气体。畜舍内的有害气体常见的有氨气、硫化氢、一氧

农业生态实用技术丛书

化碳、二氧化碳、甲烷等，其中危害最大的是氨气、硫化氢、一氧化碳和恶臭物质等。

2.畜舍内有害气体的来源

（1）氨气。氨气为无色、有强烈刺激性气味，极易溶于水，密度比空气小，在离地面1米左右处漂浮，主要来源于含氮有机物的腐败分解，氨气的产生一类是在畜禽的胃肠道内，粪氮是主要以有机物的形式存在，不容易分解但也是氨气形成的主要原因，同时由于胃肠道对饲料中的蛋白质消化不彻底导致氨气的直接排出，尿氮主要以尿素的形式存在很容易被脲酶水解，催化形成氨气和二氧化碳；另一类是畜舍中饲料残渣、垫草、粪便和尿液的堆积导致其中的含氮物质在微生物的作用下进一步降解产生的。

（2）硫化氢。硫化氢是一种无色、有臭鸡蛋气味的气体，易溶于水，密度比空气大，基本贴着地面漂浮，最高漂浮在距离地面60厘米处。畜舍中的硫化氢来源主要有，一是畜舍中含硫有机物在厌氧条件下的腐败分解；二是动物食用过量的蛋白质类物质，而不能充分消化吸收，导致消化机能紊乱，而在动物消化道内产生的。

（3）一氧化碳。一氧化碳是无色、无臭、无刺激性气味的气体，在空气中化学性质比较稳定。畜舍内一般没有一氧化碳。冬季在封闭的猪舍内生火炉取暖的时候，如果煤炭燃烧不充分，就会出现一氧化碳。

（4）二氧化碳。二氧化碳是无色、略带酸味、没有毒性的气体。主要来源于畜禽的呼吸和有机物的分解，二氧化碳的危害主要是使畜禽慢性缺氧，表现为精神萎靡，食欲减退，体质下降，生产力降低，抵抗力下降。由于二氧化碳相对而言较容易检测，它的作用在于可以表明畜舍的通风换气状况及空气的污染程度。

（5）恶臭物质。恶臭物质是指刺激人的嗅觉，使人产生厌恶感，并对人和动物产生有害作用的一类物质。其主要来源于家畜的粪便、污水、饲料、畜尸等的腐败分解，另外，家畜的新鲜粪便、消化道排出的气体及黏附在体表的污物也会散发出不同家畜特有的难闻气味。

3.畜舍内有害气体对家畜的影响

（1）氨气。低浓度的氨会对黏膜产生刺激使得黏膜充血、肿胀，分泌物也随之增加，严重的甚至出现喉头水肿、坏死性支气管炎、肺出血等。如果吸入的氨浓度较低，氨在体内会形成尿素排出，中毒情况容易缓解，高浓度的氨，碱性较大，会对直接接触部位造成灼伤，造成组织坏死，也会对呼吸道深部及肺泡产生严重的损害。

（2）硫化氢。硫化氢和氨气一样，易溶于水。一旦管理不善，硫化氢含量增加，会致使人畜中毒。高浓度的硫化氢能使呼吸中枢神经麻痹，使家畜因窒息而死亡；低浓度的硫化氢长期作用下，家畜会出现植物性神经功能紊乱或偶发多发性神经炎，体质衰弱、抗病力下降，生产力下降，硫化氢在舍内空气中的含量不得超过 10 克/米³。

（3）一氧化碳。一氧化碳随动物呼吸进入体内，通过肺泡进入血液循环，与血红蛋白和肌红蛋白进行可逆性结合，由于一氧化碳与血红蛋白的亲和力比氧气与血红蛋白的亲和力高，进而造成机体急性缺氧。畜舍内一氧化碳浓度过大，动物就会出现一氧化碳中毒。身体的各部脏器功能失调，出现呼吸、循环和神经系统的病变。严重的出现脑水肿，大脑及脊髓有不同程度的充血、出血和血栓。

（4）二氧化碳。二氧化碳本身没有毒性，但是当畜舍内二氧化碳浓度过高时，容易造成缺氧，引起慢性毒害，家畜精神萎靡、增重缓慢、体质下降，易感染结核等疾病。一般畜舍中的二氧化碳浓度很少能达到中毒的程度，只有当封闭式的大型畜舍通风设备失灵而得不到及时维修时，才能发生二氧化碳中毒。

（5）恶臭物质。所有的恶臭物质都能够影响人畜的生理机能。经常性的受到恶臭刺激，会使内分泌功能紊乱，影响机体的代谢活动。恶臭还会引起嗅觉丧失、嗅觉疲劳等障碍。

4.畜舍内有害气体的控制措施

（1）安装自动抽风机。采用地抽式空气净化技术，底层负压抽风机转动，空气经由上层水帘或空气调节装置通过全漏缝地板向下流动，使猪舍内的有害气体被及时抽走。

（2）猪舍设计。封闭式双层高架网床，两层之间相距2.5米以上。由于猪舍内有害气体中密度小的氨气最高也只能在距离地面1米左右高度漂浮，当两层间距达到2.5米以上时，可有效阻止底层风干粪残余氨气、二氧化硫等有害气体对上层猪舍污染。

（3）在猪舍一层增加垫草。硫化氢和氨气易吸附于垫草上，经常更换垫草能减少舍内的有害气体。

（4）应用微生物养殖技术。在饲料中添加有益菌和中草药混合发酵的发酵产物，可以促进猪体内有益菌群的生长，提高猪的消化吸收能力。同时还能够减少饲料中抗生素和重金属物质的添加量，进而减少氨气、二氧化硫的排放量。

（5）保持舍内的干燥、清洁。畜舍内湿度过大，氨气、硫化氢等有毒气体很容易被吸附在潮湿的墙壁、天棚上，而当空气变得干燥时，又会挥发出来污染环境，因此要注意畜舍的防湿和防潮。

（6）舍外种植树木。在猪舍外种植树木，吸收残余的有害气体。

（二）高温环境的控制措施

生长在地球上的生物，都能够适应一定范围内的环境温度变化。如果外界的温度变化超过了生物适应的范围，家畜自身的机体热调节将不能维持平衡，造成机体代谢障碍，从而影响家畜的健康和生产性能。而适宜的环境温度，是保证家畜正常生长、繁殖的前提条件。

1.高温环境对家畜的影响

（1）影响采食量和饮水。高温会使家畜的采食量减少，但饲料转化率将会提高。环境温度每升高1℃采食量减少3.5%左右。高温时饮水量上升主要是由于蒸发散热的增加，使得家畜的需水量增加。但由于水分在消化道内停留期较短，排泄水增加，常导致稀粪，严重影响舍内环境。

（2）影响家畜内分泌。随着环境温度升高，机体甲状腺激素分泌减少，肠道蠕动减弱，对食物的吸收减少，肠道血液循环减少，造成生长不良。

（3）影响家畜的免疫力。研究发现，高温对家畜机体的体液免疫和细胞免疫都有不良影响，其结果视其所遭受热应激之持续时间而有差异。

（4）影响能量利用率。猪在等热区范围内，无热补偿，产热处于最低水平，采食的营养物质可以最大限度地用于生产，故饲料转化为产品的效率最高。如果在高温条件下，由于采食量的减少，而用于维持体热平衡的能量相对增加，猪的生产力将会下降，饲料转化率及能量利用率也会迅速降低。

（5）影响生长、肥育性能。高温使家畜的生长肥育性能减弱。一般家畜有其最佳生长肥育温度，当处于高温环境时，生长、肥育性能将会受到影响。

（6）影响繁殖性能。高温将会引起家畜的不育和受胎率的下降。对公猪来说，高温使睾丸的温度升高，影响精液顶体酶的产量和分布，造成精液质量下降，精液量减少，精子的活力下降、正常精子数减少、密度下降、畸形率上升；对母猪来说，主要是会影响激素水平，造成受精后胚胎的早期死亡，并且随着温度上升，母猪的受胎率也会明显下降。一些猪场下半年平均窝产仔数要比上半年低，这与下半年产仔母猪受精，妊娠期要经过6月、7月、8月高温月份有关。

2.高温环境的控制措施

（1）湿帘-风机降温系统。其作为蒸发降温系统的一种，操作时将湿帘安装在舍内一端侧墙或山墙上，风机装在另一端山墙或侧墙上。当系统运行时风机排出舍内的空气使舍内产生一定的负压，迫使室外较干燥的空气经过多孔湿润的湿帘表面进入舍内，与湿帘表面的水分进行热交换，此时湿帘表面的水分蒸发将空气中的显热转化为潜热，从而使进入舍内的空气温度降低，同时相对湿度有所提高（图33）。

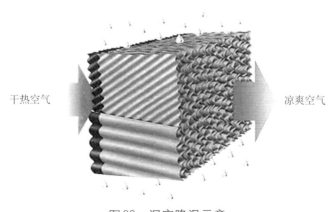

干热空气　　　　　　　　　　　　　　　　凉爽空气

图33　湿帘降温示意

结构组成：湿帘-风机降温系统由湿帘、上下水循环系统、低压大流量轴流节能风机和控制装置组成。

湿帘：箱体由湿帘纸垫和框架组成。湿帘纸垫由吸湿性强的牛皮纸、刨花、泡沫塑料和竹丝等压成的波纹纤维纸黏结而成。箱体四周框架起支撑和保护作用，框架可由不同的材质制作，包括PVC、镀锌钢、铝合金和不锈钢。湿帘的厚度决定了降温效率，湿帘越厚降温效率越高，但阻力和材料用量增大。湿帘的面积根据需要的通风量和过帘风速进行计算。

循环水系统：作用是使湿帘箱体保持湿润，通常由水箱、泵、箱体顶部的布水管和箱体下面的集水槽组成。布水管通常由硬质的塑料管组成，其上的小孔均匀分布。布水管可以是方形的也可以是圆形的，直径5毫米水管上间隔10毫米均匀地打上直径3毫米的小孔，在实际应用当中，管径、孔径和孔间距往往根据系统的具体情况而定。集水槽坡度约为0.4%，主要用来收集未蒸发的水分。收集的水经过50目*网筛后进入水箱，进行循环利用。水箱和未封闭布水管要加盖，防止日晒、昆虫和尘土。水箱的水位用调节阀自动补偿。集水槽最小有效容积应能满足水泵开启时的供水和容纳停止时的回水，一般按湿帘总体积的30%～40%计算。

风机的选择：风机是湿帘-风机降温系统中的核心部件。风机的选择要根据猪舍内的通风量确定，只

＊　目为非法定计量单位。

有足够的通风量，才能保证湿帘-风机的降温效果。通常选用动压较小、静压适中、噪声较低的轴流式风机。考虑到猪舍冬季的通风换气，选择风机时最好大小风机搭配。

控制系统：湿帘-风机降温系统采用自动控制，风机和水泵的开闭由温度控制器自动控制，自动控制的设定温度通常为27～29℃。开启时先开风机，再开水泵；关闭时，先关水泵，再关风机。湿帘用完后应保持干燥，防止藻类生长。

湿帘-风机系统的整体布置：湿帘应安装在迎着夏季主导风向的墙面上，以增加气流速度，提高蒸发降温效果。布置湿帘时，应尽量减少通风死角，确保舍内通风换气均匀，温度一致。根据猪舍负压机械通风的方式不同，湿帘、风机的位置有三种布置方式：①横向通风一侧布置：湿帘装在一侧纵墙，风机装在

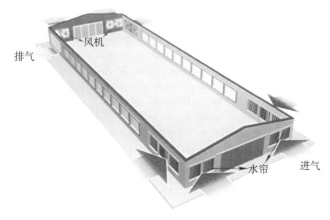

图34　湿帘-风机降温系统

另一侧纵墙。②纵向通风中央布置：湿帘装在纵墙中央部，风机装在两端山墙。③纵向通风一端布置：湿帘装在一端山墙，风机装在另一端山墙。其中以纵向通风一端布置方式最经济、最实用。具体采用何种布置方式可根据猪舍结构确定。

湿帘-风机降温系统特点：系统设备简单、能耗低、降温效率高；便于安装、运行可靠；使用寿命长、阻力损失小；舍内降温相对均匀。

使用时的注意事项：湿帘底部要有支承，其面积不少于底部面积的50%，底部不得浸渍于集水槽中。若安装的位置能被猪触及，则必须用粗铁丝网加以隔离。猪舍内不可有太多漏风的孔、洞，否则无法达到降温效果。猪舍内屋顶到离地面2米范围内，应设置挡风设施使冷风尽量向下方流动，以免浪费冷源。应使用酸碱度为6～9的水。应当使用井水或自来水，并可加入少量消毒剂，不可使用未经处理的地面水，以防止藻类的滋生。建议采取间歇式供水，等湿帘稍干时供水效果较好且较省电，不停流水可导致风速受阻，影响降温效果。确保水流能均匀地分布于湿帘上，将湿帘完全润湿。每次使用完毕后，水泵应比风机提前30分钟停车，使湿帘蒸发晾干。当舍外空气相对湿度大于85%时，应停止使用湿帘降温。

应用效果及适用范围：在温度超29℃、湿度大于90%的条件下，湿帘-风机降温系统其最大降温幅度在1℃左右，几乎不起任何作用，反而导致舍内湿度增加。

在实际生产中，温度在20～26℃时，通过调节舍内风速大小来降低猪的体感温度；当温度超26℃时，启动湿帘，通过湿帘蒸发降温的方式来降低舍内温度，同时通过风速所产生的风冷效应降低猪的体感温度。

高温、低湿条件下湿帘、风机降温效果：在湿度低于40%的情况下，湿帘-风机降温系统可将温度最大降低10℃左右；但严重高温条件下，很难将舍内温度降到舒适区间内，需采取多种降温系统相配合的降温方式来改善舍内温湿度情况，从而降低热应激程度。

在高温高湿环境条件下，单纯使用该降温系统很难达到预期环境改善效果。在实际生产过程中，可通过加强通风和采取雾化降温、滴水降温与湿帘-风机降温相结合方式来缓解猪的热应激。

（2）喷雾降温系统。喷雾降温系统是指用于冷却空气的水由加压水泵加压，通过过滤器进入喷水管道系统，随后从喷雾器喷出形成水雾，再利用水蒸发吸热的原理达到降低猪舍内空气温度的目的（图35）。变成雾状颗粒的水在空气中的停留时间会延长，因而冷却水滴在猪舍内的热交换时间也得到了充分延长，这使降温效果更为明显。同时，蒸发散热也是猪的重要散热方式之一，雾化的水接触到猪体表后再被蒸发，有效地降低了猪的体感温度。

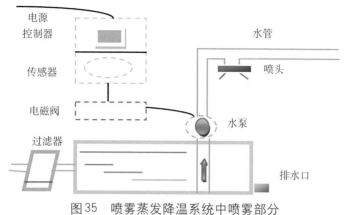

电源
控制器
水管
传感器
喷头
电磁阀
过滤器
水泵
排水口

图35　喷雾蒸发降温系统中喷雾部分

　　结构组成：喷雾降温系统由喷雾和送风两部分组成。送风部分有自然通风、循环风机、纵向通风，对于自然通风，如果风速过小，不利于水分的蒸发，降温效果差；如果风速过大，则可将雾粒直接从动物周围吹走，也起不到降温效果，因此该降温系统通常使用机械通风方法。喷雾部分由水箱、过滤器、水泵、电磁阀、控制器和喷头组成。

　　喷雾蒸发降温系统的雾粒大小取决于系统的压力，压力越大，雾粒越小。喷雾蒸发降温系统的压强通常低于700千帕，如果系统的压强超过690千帕，则称之为细雾降温。细雾降温系统产生的雾粒非常小，能悬浮于空气中，能保证在落到地面之前发生蒸发，但系统的投资和运行费用都很高。

　　系统通常使用水流量为2～10升/时的喷头，喷雾运行时间要结合动物的大小、环境情况以及通风情况具体而定。研究表明，当舍内空气的含湿量未达到饱和时，如果平均喷雾量相同，间歇循环喷雾与连续喷雾的降温效果相同；与连续通风相比，间歇循环通风的降温效果更明显，因此采用间歇喷雾与连续通风的降温方式效果较好。

喷雾降温系统特点：系统运行需要高压，一次性投资成本较湿帘-风机系统低，喷头容易发生堵塞，喷雾部分和送风部分优化比较困难，喷雾降温的效果要比湿帘-风机降温的效果低。

（3）喷淋降温系统。喷淋降温系统属于蒸发降温的一种。在组成结构上，除了不需要高压外，其他与喷雾降温系统没什么区别。但是在原理上喷雾蒸发降温是通过水分的蒸发使环境温度下降，而喷淋降温是利用动物排汗散热原理，将较大水滴直接喷到动物体表，有较多的水穿透被毛到达动物的皮肤表面，水分的蒸发直接带走动物的热量，帮助动物散热。

结构组成：喷淋降温系统由送风和喷淋两部分组成。送风部分有不同的形式，如自然通风、纵向通风、循环风机。喷淋部分由过滤器、电磁阀、温度传感器和喷头组成，如果是间歇喷淋则需要增加时间控制器。此外，对喷淋降温系统，必须考虑喷淋的水量和频率。

喷头选择粗雾粒喷头，便于水雾迅速穿透被毛到达猪的皮肤表面。喷淋降温系统产生雾粒较大，对管线压力要求不高，不用额外增加加压设备，普通的自来水压就能满足需要。

温度传感器用于实时测定猪舍内的温度，根据温度的变化，自动控制系统开启和关闭。

间歇喷淋系统中时间控制器则用来控制和调节系统开启后的喷淋和停歇的交替频率。持续喷淋会造成舍内水量过多，不仅浪费水，而且会导致舍内湿气过大。因此在实际生产中，间歇喷淋系统应用更广泛一些。

喷淋降温系统特点：系统的运行无需加压，仅靠自来水压力即可正常运行；系统的投资成本较湿帘-风机降温系统和喷雾降温系统都低；方便在现有的猪舍中安装使用；喷头更换方便，一般在国内就可以购买；喷水量大，容易造成地面潮湿；喷淋降温系统的喷淋头没有喷雾降温那样容易堵塞；该降温系统可以在不同结构的猪舍中使用，优化喷水量和喷淋间隔，将会有更好的降温效果。

应用效果及适用范围：该种降温方式设备简单，投资运行成本低，具有一定的降温效果，并且机械和自然通风的猪舍均能适用，在夏季干燥、炎热的地区使用有良好的效果。

（4）加强通风换气。通过增大风机风速或打开一、二层的窗户，进而加强空气的对流和蒸发散热。

（5）减少饲料的热增耗。热增耗是饲料能量的一种浪费，在高温环境下，饲料的热增耗反而加重了动物的散热负担，热应激也变得越发严重。减少饲料的热增耗的同时改变饲喂时间，进行半夜加餐。

使用抗热应激添加剂：维生素C具有很好的抗应激效果，在日粮中加入一定量的维生素C，可有效地提高猪的抗应激能力。此外，维生素E、B族维生素及中草药添加剂（如刺五加）等都具有不错的抗应激效果。

遮阳：通过挂竹帘、搭凉棚、植树以及棚架攀援植物等形式可阻止阳光直射，使地面或屋顶温度降低，相应地降低舍内温度。由于绿化本身具有美化环境、净化空气、改善局部小气候等作用，因此猪场夏季应尽可能地通过绿化降低猪舍周围环境的温度。一般树叶面积是树林面积的75倍，草叶面积是草地面积的25～35倍。

（6）滴水降温系统。在高温下，猪主要依靠体表的蒸发散热，体内的热量有60%～70%通过呼吸器官蒸发水分以及皮肤表面对流而散发。当外界温度升高时，猪皮肤血管扩张，大量血液流向皮肤，把机体热量带到体表，此时皮肤温度升高，通过皮肤散热。滴水降温系统是将水滴到猪耳后颈背部，该部位血管分布多，血液流量大，血液把大量的体热带到皮肤，体表皮温较高，水滴到颈后通过传导作用吸收部分体热；同时正压风管将高风速的风送到动物的脖颈部，加快水分的蒸发，水分蒸发过程要吸收一部分体热，使动物身体保持凉快，达到一定降温目的。

结构组成：滴水降温系统由滴水和送风两部分组成。系统的送风部分有不同的方式，包括自然通风、纵向通风、循环风机或局部正压送风。滴水部分由过滤器、电磁阀、恒温器、控制器、水管和滴头组成（图36）。为了避免堵塞，需要在进水端加装过滤

器。为了防止猪咬到供水管，水管安装高度应高于地
1.2 ～ 1.5米，水平位置距猪栏头端栏面大约32厘米。

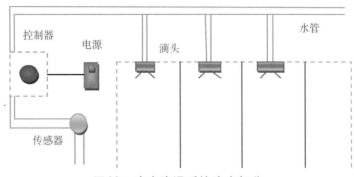

图36　滴水降温系统滴水部分

　　滴头可使用普通的喷灌滴头，滴头应有自动补偿
装置避免漏水，每个滴头提供的水量为2 ～ 3升/时。
滴水量应将滴头流量和滴水时间结合起来调节，滴水
量以动物体不要过湿为原则。系统中滴头有两种不
同的安装方式，可以直接安装在软供水管上，也可
以从供水管上分出落水支管，滴头安装在出落水支
管的顶端。
　　滴水降温系统特点：该降温方法为局部降温法；
用水量较小；设备成本投入少；此降温系统只适用于
定位饲养动物，具有局限性。
　　应用效果及适用范围：在实际生产中，单纯地使
用滴水降温系统效果并不是很好，将纵向通风与滴水
降温相结合的方式更加经济、有效。并且此降温系统
所用的喷嘴易堵塞或漏水，因此可能存在耗水量大以

及地面积水造成的湿度过大问题。因而该系统也不适用于湿度大的地区的猪场。

（7）合理的猪舍朝向。在建造猪舍时应考虑猪舍的朝向，避免夏季过多的太阳辐射进入舍内而增加舍内温度。

（三）低温环境的控制措施

畜禽对低温的适应能力比对高温要强得多，如果饲料供应充足，家畜能够自由活动，当处于一定的低温环境条件下，家畜仍能维持自身的热平衡。但是当温度过低或低温时间过长，超过代谢产热的最高限度，可引起机体体温的持续下降，代谢减弱，进而对家畜的正常生长发育、繁殖等造成影响。

1.低温环境对家畜的影响

（1）对生长增重的影响。低温时家畜采食量增加，但大部分作为产热维持基本生理需要，同时甲状腺素分泌增加，肠道蠕动加快，饲料利用率降低。

（2）对采食量和饲料利用率的影响。在低温环境下，家畜机体散热增加，为维持热平衡，家畜采食量增加。但由于家畜为增加体内代谢产热以补偿过多的热散失，同时增大活动量，将体内化学能通过运动转化成维持能量，而使得饲料的利用率降低。

（3）对家畜健康的影响。低温会引起冻伤、肺炎、支气管炎等疾病。据统计，残废的仔猪有一半是死于冻伤或与寒冷有关的疾病。在低温环境中，腹泻等疾病的发病率显著提高。

2.低温环境的控制措施

①对畜舍进行检查，堵塞墙壁上的破洞，防止贼风。②畜舍的西墙和北墙要增加保温措施，可以堆放农作物秸秆，也可以临时砌一层土坯，增加保温效果。门窗上安装保温帘，增加保温效果；调整畜舍的饲养密度，适当地增加舍内的饲养密度能够提高舍温。③铺设垫草，由于猪只在进入猪舍后就经过了早期调教，会在固定的位置排泄，因此可以在猪睡觉的地方铺设垫草。铺垫草不仅可改进冷硬漏缝地板的使用价值，还能够在畜体周围形成温暖的小气候状况。④调节舍内湿度，潮湿会进一步地加速舍内温度的散失，因此，适当地降低舍内的湿度对保温有间接的促进作用。⑤使用供暖设施，冬天气温低时，可用烧锅炉温水通过管道进入猪舍保证猪舍的适宜温度；或者在猪舍内放置红外灯对猪舍进行加热保温，利用触温调节仪使栏舍温度维持在29℃左右。将玉米秸、稻草等堆置在栏舍西北两侧，可直接挡寒增暖。

（四）生态猪舍的湿度控制

猪舍湿度主要来自猪体表和呼吸道蒸发的水汽，舍内饲养管理用水、粪尿蒸发的水汽等。一般来说，适宜的温度范围内，湿度对家畜的生产力并不直接起作用，但与其他环境条件（如温度）共同作用时，则会产生影响。

1.高湿环境对家畜的影响

（1）影响畜体的热调节。适宜的温度下，空气湿度对家畜的散热几乎没有影响，但是在高温时，畜体以蒸发散热为主，而蒸发散热量与畜体蒸发面水汽压和空气水汽压有关。此时，若处于高湿环境下，畜体的散热将变得更为困难。而当空气湿度小时，猪体表水分的蒸发就变得容易，可加速体热的散发。

（2）影响生长和肥育。适宜温度下，空气湿度的变化对家畜的增重和饲料消耗均无影响。但是在高温时，随着空气湿度的提高，家畜的平均日增重和饲料利用率都将下降。此外高湿环境会使家畜的生长速度受到影响，同时有利于细菌的生长繁殖，造成传染病的蔓延。

（3）影响家畜的健康。高温高湿环境下，机体的热调节受阻，对疾病的抵抗力减弱，发病率上升。而且，高温高湿环境有利于促进病原性真菌、细菌等的生长发育，因此使传染病易于流行。此外，高温高湿容易使饲料、垫草等发生霉变，容易发生曲霉菌病；而低温高湿，家畜易患各种感冒性疾病以及风湿症、关节炎。在炎热潮湿的夏季，家畜还容易发生中暑。

2.高湿环境的控制

湿度的控制措施见图37。

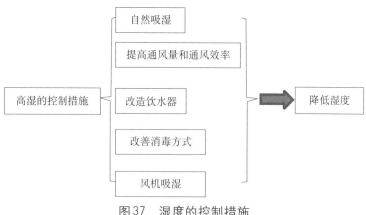

图 37　湿度的控制措施

（1）自然吸湿。将稻草、生石灰等材料铺与畜舍的过道内，吸附水蒸气或雾气，以达到降低湿度的作用。

（2）提高通风量和通风效率。猪舍内部水汽产生量巨大，主要来源是水分挥发和呼吸产生的气体。通过提高风机的速度以及开窗来加强通风，及时地排出水汽，进而减少舍内的水汽含量，降低湿度。

（3）安装凹墙式饮水器。由于传统的饮水器在猪饮水时会造成水的浪费，使栏舍内残留大量的水，造成舍内水汽含量过高。而将自动饮水器设计在墙体内，猪只饮水时逸出的水自动流到舍外专用废水收集管网，避免废水滴流到底层发酵粪堆使水分增加，造成舍内水汽含量过高。

（4）猪舍消毒。消毒时不要采用消毒水，而是在舍中采用投放益生菌的方式进行消毒。

（5）利用风机、水帘系统。粪便发酵产生的水汽被风机抽走，使粪便水分降低，尿液高度浓缩，进而降低舍内湿度。

3.低湿环境对家畜的影响

低湿高温环境能使皮肤和外露黏膜发生干裂，从而减弱皮肤和外露黏膜对微生物的防范能力。相对湿度在40%以下时，易引起呼吸道疾病。

4.低湿环境的控制

使用加湿设备，如使用湿帘、喷雾等装置，用于增加空气中的水汽含量。地面洒水，虽可提高一点舍内湿度，但往往水洒少了地面一会就干，作用不大，洒多了地面则会变得潮湿。

五、猪场废弃物的处理

（一）猪场废弃物对环境的污染

我国是世界上最大的猪肉生产和消费国，养猪业已是我国畜牧业的支柱产业，它对于农业经济发展、农村产业结构调整和农民收入的增加都发挥着巨大作用。然而，随着我国养猪业朝着规模化、集约化发展的不断推进，所面临的资源和环保的压力也越来越大，这种压力不仅仅出现在规模化猪场，同样出现在规模小却相对集中的养殖小区。养猪场所产生的环境污染主要是猪场粪尿的不恰当处理所造成的，不仅影响空气环境质量，也影响猪场周围居民的生活质量，如果不妥善解决，将严重影响养猪场在当地的去留问题；甚至影响到社会的和谐与稳定。

养猪业污染环境的废弃物主要有粪尿、污水及病死猪，其中，粪尿及污水占有绝对比例。一头育肥猪整个生产过程，排粪量850～1 050千克，排尿量1 200～1 300千克，一个万头猪场每年排放的粪尿大约为3万吨，再加上冲洗水，每年可排放的污水及粪尿量为6万~7万吨/圈。据农业部统计数据显示，2016年我国生猪存栏量为3.73亿头，所产生的粪尿污水大约为30亿吨。猪粪中含有大量病原微生物、药物及饲料添加剂的残留物，1克猪粪尿中约含有83万个大肠杆菌、69万个粪链球菌（又称粪肠球菌）及一定数量的寄生虫卵，很多都会导致人畜共患病，这些病很有可能会通过猪传染给人类，如此庞大的污染物若不能及时有效地处理，不仅会对水和空气产生污染，而且会严重威胁到人类的健康。

规模化养殖场每天排放的畜禽养殖粪水量大、集中，含有大量污染物，如生化需氧量、化学需氧量、氨氮、重金属、残留的兽药以及大量的病原体等，如不经过处理直接排放，将会造成严重污染和危害。一是对水体的危害。养殖粪水含有大量病原体和高浓度有机物，有机物分解消耗水中大量溶解氧的同时释放氮、磷营养元素，加剧水体富营养化，大量悬浮物使水体浑浊，影响水中植物的光合作用，导致水体中溶解氧进一步降低，引发水生生物大量死亡。二是对大气环境的危害。畜禽养殖粪水不进行有效处理会产生大量的甲烷、氨气、硫化氢等气体，影响及危害饲养人员及周围居民的身体健康。三是对农田及作物的危害。畜禽养殖业粪水中含有较多的氮、磷、钾等养分，如果未经任何处理就直接、连续、过量施用，会给土壤和农作物的生长造成不良影响，引起全倒伏、贪青，推迟成熟期，影响后续作物的生产，甚至使农作物死亡、产量降低等。大量矿物质元素也会引起土壤板结。有毒有害重金属、抗生素等会导致农产品安全质量达不到要求，甚至危害到人们的身体健康。四是带有病原微生物的粪水可能成为传染源，容易引起动物疫病的传染与流行，严重影响动物疫病的有效防控。

（二）生态猪舍清洁生产及固液分离

1.源头控制

（1）进行"雨污分离"。一是排污管道或沟渠采用封闭式建设，不让栏舍周围的雨水及外来水源进入排污道。二是沼气厌氧池前的预沉池等粪水处理池要搭建遮雨棚，减少雨水进入。

（2）采用"干清粪"清粪工艺。这样可极大减少冲洗栏舍的次数，减少粪水量。

（3）采用节水及分流装置。①采用节水装置减少水的浪费。②采用饮水分流装置，确保饮水时滴漏的水外排而不进入粪便或粪水中。

图38是猪的饮水分流装置。在每个栏舍墙上预留两个直径25厘米的孔，从孔中心圆点至猪床高度分别为25厘米和45厘米，然后分别用直径25厘米的PVC弯头套入墙孔内，猪的饮水乳头装在弯头口内，墙外的弯头口向下再用直径5厘米的PVC水管连接各装置承接猪饮水时滴漏的水，并将其外排至大自然中，而不进入粪便或粪水中，从而减少粪水的产生量。

图38　猪的饮水分流装置

2.粪水的收集

（1）采用全封闭式输送管道。从栏舍排污口至粪水储存池之间全程安装封闭式管道或建设封闭式沟渠，让栏舍内排出的粪水自然通过封闭式管道或沟渠直接进入储存池。

（2）配备足够的集污设施。粪水的收集一定要根据养殖场产生的粪水量匹配足够的集污设施容积，以满足粪水充分得到好氧、厌氧降解。储存池要搭建遮雨棚，且要做到防渗漏、防溢流。储存池容积大小要根据养殖场每天产生的粪水量及存放时间长短来确定。按照国家对养殖场节能减排核查核算有关参数要求，包括预沉池（要搭建遮雨棚）让粪水停留时间应不少于12小时，进入沼气（厌氧）池停留时间应不少于10天，再经曝气池曝气，最终到达储液池停留时间应不少于60天。

3.网床漏缝集粪

（1）高架全网床漏缝集粪式。栏舍总高度大于等于6.0米，其中，下层高2.0～2.5米。宽度8.5～10.5米，其中，中央通道1.2米。长度25～50米。上下层之间采用螺纹碳钢制成全网状漏缝，漏缝间隙尺寸小猪10毫米，育成猪12毫米。同时，在猪日粮饲料中添加专用益生菌。猪养在网床上，粪尿通过漏缝间隙掉到下层。粪尿中仍然存留有大量微生物菌继续分解有机物质，每3～5天按粪量的3%撒入锯末、谷壳或碎秸秆补充碳源，每7～15天向粪堆喷撒2%～3%的专用微生物制剂，这样的粪便无异臭味，含水率50%～60%，出栏一批猪后，将粪便直接包装卖给种植户或有机肥加工厂。

（2）高架网床下离体发酵垫料集粪式。栏舍总高度大于等于3.5米，其中，下层高0.8～1.0米。宽度5～10.5米，其中，中央通道1.2米。长度25～50米。上下层之间采用专业网床漏缝地板。下层用锯木屑或碎秸秆与微生物菌混合制成等同于网床长度、宽度的厚度为40～50厘米的发酵垫料。猪养在网床上，粪便通过网床漏缝掉到发酵垫料上，同时安装自动翻耙机定期翻耙发酵床，每15～30天向粪堆喷撒2%～3%的专用微生物制剂，这样的粪便无异臭味，含水率50%左右，每半年至一年更换发酵垫料，可将更换出来的发酵垫料直接包装卖给种植户或有机肥加工厂。

4.固液分离

养殖场内刚收集起来的粪便含水量高，存储不方便，存放或堆积不当会对周围环境产生污染，阻碍后期资源化利用。因此，固液分离技术成为畜禽粪便处理过程中的重要前期步骤。固液分离技术采用机械或非机械的方法，将粪便中的固体和液体部分分开，然后分别对分离物质加以利用。机械的方法是采用固液分离机，非机械的方法是采用格栅、沉淀池等设施。目前，出于环境与经济的双重考虑，倾向于采用固液分离机技术对粪便进行处理。规模化养殖场粪便处理中，固液分离是粪便处理工艺的关键环节，针对粪便特点选择使用合适的固液分离工艺和固液分离机至关重要（图39）。

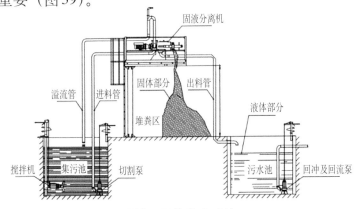

图39　固液分离系统

（1）固液分离的优点：①有利于堆肥发酵制作有机肥。一般非垫料畜禽动物排泄物含水量均在80%以上，难以直接应用先进的发酵工艺对养殖粪便进行综合利用。如直接堆肥，需要用调理剂将它的含水量调节至65%左右。但由于国内调理剂资源有限或因价格太高，许多堆肥场难以承受，因此直接用于有机肥生产的前提条件就是对粪便进行前处理——固液分离。②有利于粪便排放量最小化和便于收集。粪便经固液分离后，干物质可制成有机复合肥，废水可收集利用降低粪便储存量，方便后续资源化利用。③有利于改善养殖场环境。粪便经固液分离后，减少了臭气和水污染，防止致病微生物的扩散，减少疾病的发生和传播。④有利于减少粪水处理设备投资和运行管理费用。经固液分离后，粪水中化学需氧量下降40%左右，为高效的厌氧工艺创造条件，若化学需氧量（或固体悬浮物）过高，则可能堵塞高效过滤器，不能发挥高效工艺作用。分离出的液体，其总固体、化学需氧量大大下降，可减轻后期处理的负荷，缩小厌氧处理装置的容积和占地面积，降低造价。同时厌氧消化后出水的化学需氧量浓度下降，厌氧污泥生成量大为减少，这便于后期好氧处理，达到排放标准。因此，固液分离技术已成为养殖粪水处理工程及粪便综合利用的关键，选择使用合理的固液分离技术和工艺至关重要。

（2）分离设备。畜禽粪便固液分离国内外采用的方法主要有高温快速干燥、生物脱水和机械脱水等。

与加热脱水方式相比，机械挤压的能量消耗相对较低，因此，机械脱水被广泛应用于固液分离。目前的固液分离设备主要有螺旋挤压分离、带式压滤分离和筛分式等。

螺旋挤压固液分离机：是一种相对较为新型的固液分离设备，是目前畜禽粪便固液分离应用最广的一种设备（图40）。它主要用于固体悬浮物含量高且易分离的粪水，如新鲜猪粪便等。粪水固液混合物从进料口被泵入螺旋挤压机内，安装在筛网中的挤压螺旋以一定的转速将要脱水的原粪水向前携进，通过口螺旋挤压将干物质分离处理出来，液体则通过筛网筛出。为了掌握出料的速度与含水量，可以调节主机下方的配重块，以达到满意适当的出料状态。也可更换

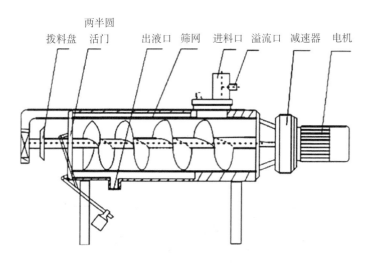

图40　螺旋挤压固液分离机剖面

筛网孔径调整出料状态，筛网孔径有0.25毫米、0.5毫米、1毫米等不同规格。经处理后的固态物含水量可降到65%以下，再经发酵处理，掺入不同比例的氮、磷、钾，可制成高效的复合有机肥。

带式压滤固液分离机：畜禽粪便与一定浓度的絮凝剂在搅拌池中充分混合以后，粪便中的微小固体颗粒聚凝成体积较大的絮状团块，同时分离出液体，絮凝后的粪便被输送到重力脱水区的滤带上，重力去液，形成不流动状态的污泥，然后夹持在上下两条滤带之间，经过楔形预压区、低压区和高压区在由小到大的挤压力、剪切力作用下，逐步挤压，最大化固液分离，最后形成滤饼排出（图41）。带式压滤机主要用于加絮凝剂后絮凝效果较好的废水，用于好氧污泥的处理效果极佳。带式压滤机具有处理能力大、操作管理简便、滤饼含水率低、无振动、无噪声、能耗低等优点。由于其是利用滤带使固液分离，为防止滤带堵塞，需高压水不断冲刷。絮凝剂加药量大，需定期更换滤带。

图41　带式压滤固液分离机

带式压滤机的脱水辊系的压榨方式有相对辊式和水平辊式两种。水平辊式为面压力和剪切力，相对辊式则为线压力。水平辊式布置产生的面压力小于相对辊式布置产生的线压力。相对辊式一般用于需要高压脱水的湿物料，而高压机组结构造价较高，较为笨重，成本也较大。对于畜禽粪便的粪尿固液分离，最终的出料含水率达到80%左右即可，所以从各个方面考虑，水平辊式就可充分满足需要。水平辊式中的压榨效果主要由剪切力产生，面压力也起着不可或缺的作用。其优点是连续生产、生产效率高，缺点是滤布磨损大、定时冲刷滤布和压板、费时费钱、投资高、活动部件多、污泥到处积累，不卫生、保养量大。

筛分式洗涤脱水机：将颗粒大小不同的混合物料，通过单层或多层筛子而分成若干个不同粒度级别的过程称为筛分。水力筛一般均采用不锈钢制成，用于杂物较多、纤维中等的粪水，如猪粪水等，作为粗分离。用于畜禽粪便分离的筛分机械主要有斜板筛和振动筛（图42）。筛条截面形状为楔形的斜板筛，用于粪便分离具有结构简单、不堵塞等特点，但固体物质去除率较低，一般小于25%，分离出的固体物质含水率偏高，不便进一步处理。但是该机型是将物料稀释后在筛板上过滤，需要加入大量的稀释水，洗去大量的有机质养分，同时新增加大量的废液，增大了后续处理的废液量和处理难度，降低了生产有机肥的质量（图43）。

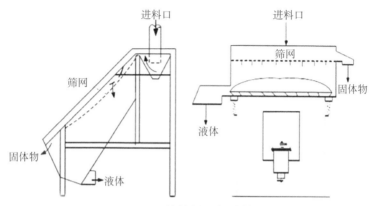

图 42　斜筛板和振动筛

图 43　筛分式洗涤脱水机

（3）分离配套设备。

集污池及池内主要设备：集污池主要功能是收集粪便水。由于畜禽舍冲洗水排放的不稳定性，因此集污池的另一个功能是调节水量，保证后续固液分离机的稳态连续运行。集污池内装有搅拌机和切割进料泵，搅拌机主要是将干粪和粪水搅拌调节稀释均匀，以保证进料的均匀；切割进料泵能将粪便中的杂草等纤维物质切碎后连同粪便水一并提升至固液分离机。考虑集污池收集、调节功能，其容积一般至少应足以容纳整个养殖场2～3天产生的总粪便量，为保证搅拌效率和效果，其有效深度还应满足搅拌机对最小池深（一般不宜小于3米，最低不宜小于2.5米，以保证有效发挥搅拌机搅拌服务半径）的要求。

污水池及池内主要设备：污水池主要功能是容纳固液分离后的液体部分，并作为循环回冲水池，兼有沉淀池的功能。分离出的液体部分在污水池经过自然沉淀后，上清液处理后可循环利用，作为粪沟和牛舍清粪通道的冲洗水，其余的可以稀释灌溉农田、厌氧发酵产沼气或经进一步处理后达标排放。污水池的容积在设计时需要考虑牛舍每次清粪的回冲水量，并兼顾回冲泵的流量，有效容积一般不小于整个牛场一次回冲水量。污水池内主要有回冲泵和液位仪。回冲泵的选择应考虑整个回冲系统中回冲管道末端流量和水头压力的要求，并综合冲洗管道的总扬程损失来选择。

（三）固体废弃物的处理和利用

固体废弃物的处理和利用途径如图44所示。

1.用作肥料

（1）堆肥定义及其基本过程。堆肥是应用最广泛的畜禽粪便资源化利用方法，是在人工控制水分、碳氮比和通风条件下通过微生物的发酵作用，将废弃物中的有机物转变为肥料的过程。通过堆肥过程，将不稳定的有机物转变为稳定的腐殖质，同时微生物在作用过程中会产生一定的热量，从而使堆体保持长时间高温状态，基本可以达到50～70℃。这种高温会杀死堆肥物料中的病原菌、杂草种子，实现无害化处理。堆肥产品中不含病原菌、杂草种子，可以安全存放，是一种好的土壤改良剂和农用有机肥料。

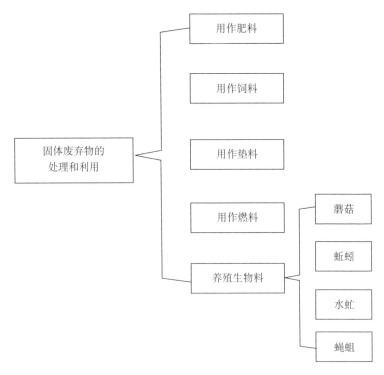

图44　固体废弃物的处理和利用

（2）堆肥的机制。在堆积场的通气沟上铺上一层厚约20厘米的污泥、细土或草皮土，作为吸收下渗肥分的垫底。将充分混匀后的原材料逐层堆积、踏实。在各层上泼洒粪尿肥和水后，再均匀撒上少量石灰（堆积材料已用石灰水处理的可不用）、磷矿粉或其他磷肥，以及羊马粪、老堆肥或接种高温纤维分解细菌。如此一层一层地堆积，直至高达1.5米左右。每层加入的粪尿肥和水的用量，要上层多，下层少，方可顺流而下，上下分布均匀。每层堆积厚度是20厘米左右，上层宜薄，中下层稍厚；每层需"吃饱、喝足、盖严"。所谓"吃饱"，是指秸秆和调节碳氮比的尿素或土杂肥要按所需求的量加足，以保证堆肥质量；"喝足"就是秸秆必须被水浸透，加足水是堆肥的关键；"盖严"就是成堆后用泥土密封，起到保温、保水作用。

堆宽和堆长可视原材料的多少和操作方便而定。堆好后及时用7厘米厚的稀泥、细土和旧的塑料薄膜密封，在四周开环形沟。堆后3～5天，有机物开始被微生物分解释放出热量，堆内温度缓慢上升。7～8天堆内温度显著上升，可达60～70℃，高温容易造成堆内水分缺乏，使微生物活动减弱，原料分解不完全。堆制期间要经常检查堆内上、中、下各个部位的水分和温度变化的情况。检查方法，可用堆肥温度计测试，若没有堆肥温度计，可用一根长的铁棍插入堆中，停放5分钟后，拔出用手试温。手感觉温约为30℃，感觉发热为40～50℃，感觉发烫为60℃以上。

检查水分可观察铁棍插入部分表面的干湿状况。若成湿润状态，表示水分适量；若呈干燥状态，表示水分过少，可在堆顶打洞加水。正常情况下，20～25天内翻堆1次，把外层翻到中间，把中间翻到外边，根据需要加适量粪尿水重新堆积，促进腐熟。重新堆积后，再过20～30天，原材料接近黑、烂、臭的程度，表明已基本腐熟，压紧盖土保存备用（图45）。

图45　腐熟堆肥

（3）堆肥的施用。堆肥一般用作基肥，结合翻地时施用，并与土充分混合，做到土肥相融。沙性土壤中，可用半腐熟肥料；黏性土壤中，必须用腐熟程度较高的堆肥。用作种肥和对生育期短的作物或前期需养分较多的作物，如蔬菜、豌豆等，宜用腐熟程度高的堆肥，而对果树等作物则可用半腐熟的堆肥。

（4）堆肥常用技术。目前，畜禽粪便的堆肥多采用好氧堆肥技术，好氧堆肥技术相比厌氧堆肥技术，具有发酵周期短、无害化彻底等优势。

条垛式堆肥技术：条垛式堆肥技术是将堆肥原料堆积成梯形或三角形的长垛，采用人工或机械进行定期翻堆，实现堆体中的有氧状态。调节堆肥原料的碳氮比，条垛的高度不超过2.0米，长度视场地规模和畜禽粪便的数量而定。条垛式堆肥技术具有设备少、运行简单、投资少的优势。同时，具有需要添加一定的辅料；堆体温度和氧含量不易控制，易受气候和周边环境影响；臭气不易控制；发酵周期长、占地面积大等缺点。

静态堆垛堆肥技术：静态堆垛堆肥技术与条垛式堆肥技术的最大区别是堆肥过程中不进行翻堆，而是通过鼓风机和通风管道机械通风，保证堆肥过程的好氧环境。机械通风系统决定了堆肥系统能否正常运行，通风不仅能保证堆肥的好氧环境，同时能排除发酵原料中的二氧化碳和氨气等气体，并蒸发水分，保证发酵的温度。静态堆垛堆肥技术具有操作简单、设备简单、投资少的优势。该技术的缺点和条垛式堆肥技术相同，但发酵周期更长（图46）。

槽式堆肥技术：槽式堆肥将畜禽粪便原料与辅料充分混合，按照堆肥技术要求合理调整物料碳氮比和水分含量，然后将混合料堆放在阳光棚下的发酵槽内进行好氧发酵，采用槽式翻抛机进行翻抛，发酵槽底部设曝气管道，进行充氧曝气，一般堆肥20～30天能完成堆肥过程。槽式堆肥技术主要采用的翻抛机是链板式翻抛机，链板式翻抛机类似于一台移动的链板

图46　静态堆肥

输送机，有独特的多齿链板，可以对设备前面的原料进行翻抛、混合，将物料向后移动。槽式堆肥技术具有机械化程度高、可以控制温度和氧含量、不受气候影响、臭气易收集控制、发酵周期较短等优势。但槽式堆肥技术需要添加辅料、设备多、操作复杂、占地面积较大、土建投资高（图47）。

　　反应器堆肥技术：反应器堆肥是指将畜禽粪便置于集进料、出料、曝气、搅拌和除臭于一体的密闭式反应器内进行好氧发酵的一种堆肥技术。反应器堆肥具有设备一体化、自动化程度高，无需添加辅料，保温节能，不受气候影响，密闭系统臭气易控制，发酵周期短，占地面积小、土建投资少等优势。但是，反应器堆肥技术最大的缺点是单体处理量小，无法实现大规模的工厂化生产（图48）。

图47 槽式堆肥

图48 反应器堆肥

　　对于冬季温度较低的西北地区，畜禽粪便较适宜采用槽式堆肥技术，可以很好地控制温度和氧含量，不受气候的影响，可机械化作业，形成专业化、规模化生产。对于小型的有机肥生产厂，要求生产占地面积小，可以采用反应器堆肥技术，减少土建用地，同时拥有较快发酵速度，但需要考虑一次投资和运行成本。对于有足够用地的有机肥厂，可采用条垛式或静态堆垛堆肥技术，一次投资较少，运行费用低，也可以采用"二阶段堆肥"的快速堆肥工艺，将条垛式和槽式两种堆肥技术结合起来，分为一次发酵和二次发酵，加快发酵周期。

　　生物有机肥：生物有机复合肥（图49）就是将一定量的高效生物发酵菌种（真菌、酵母菌、放线菌等）与家畜粪便混合搅拌在密闭的容器中进行发酵，经过一定的温度和时间，将粪便快速

图49　生物有机复合肥

腐熟，且无臭、无害、活性物质增多，含水量达到30％。然后根据农作物的生长需要添加某些营养素，制成农业上需求的上等肥料。这种处理方法对周边环境无污染，生成物由于发酵腐熟施到土壤里不会产生二次污染。可将堆肥处理后的生猪粪便进行加工做成生物有机肥，其具体工艺流程如图50所示。

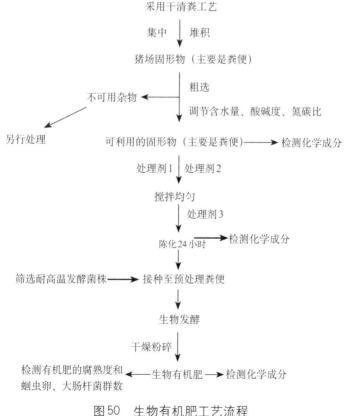

图50　生物有机肥工艺流程

2.栽培基质

畜禽干粪适于作为食用菌基质的养分物质。食用菌的栽培基主要为食用菌的生长提供水分和营养物质等。由于畜禽干粪中含有大量的营养物质和丰富的矿物质元素，故可以使用畜禽干粪作为食用菌的栽培基。

畜禽干粪所含的有机氮比例高，占总氮量的60%～70%，是很好的氮源，但其碳含量相对有限，而蘑菇要求培养料堆制前的碳氮比为33：1，故必须在畜禽干粪中加入碳素含量较高的材料，如稻草或玉米秸秆，并添加适当的无机肥料。所以，使用畜禽干粪栽培食用菌，首先需对其进行高温干燥等预处理，处理后的干粪物料与传统的食用菌培养基材料，如玉米芯、棉籽壳及作物秸秆等以适当比例相混合，便可以用来制作食用菌的培养基。

利用畜禽干粪与传统食用菌栽培基如玉米芯、棉籽壳、作物秸秆等混合制成新的栽培基来培养食用菌，不仅解决了畜牧场内粪便处理的难题，减少了粪便对环境的污染，且为食用菌的生长提供了丰富的营养物质，使栽培出的食用菌品质更加优良，产量大幅度提高，栽培基的成本也得到降低，提高了养殖场的整体经济效益。

3.养殖蚯蚓

蚯蚓是一种杂食性的环节动物，俗称"地龙"，或称曲蟮，属环节动物门、寡毛纲。蚯蚓属变温动物，且雌雄同体、异体受精，主要以土壤中的腐烂物质为食，如腐烂的落叶、枯草、蔬菜碎屑、作物秸秆、畜禽干粪、瓜果皮等。蚯蚓吞食畜禽干粪，将其转化为被植物吸收利用、质地均匀、无臭、与泥土可较好地相混合的有机质，且其自身具有较高的经济价值，抗病力和繁殖力都很强，生长快、对饲料利用率高、适应性强、容易饲养，故在畜禽场粪便处理中可以将畜禽干粪作为培养基饲养，再将蚯蚓加工成动物蛋白质饲料，从而实现畜禽场粪便的有效利用。研究显示，1亿条蚯蚓一天可吞食 40～50 吨垃圾，排出 20 吨蚯蚓粪。

（1）基料准备。选择的基料要发酵腐熟，适口性好，同时具有细、烂、软，无酸臭、氨气等刺激性异味，营养丰富，易消化等特点。

饲料原料可就地取材，因地制宜。可搭配植物性饲料，按以下配方选择使用，猪粪 70%、稻草 30%，或猪粪 60%、米皮 40%，或猪粪 60%、谷壳 40%，或猪粪 60%、甘蔗渣 40%，或猪粪 50%、杂木锯末40%、谷壳 10%（表6）。要求去杂、碎细，稻草、秸秆等切成长度 10 厘米左右的小片，鲜猪粪先晒几天，减少异味，计算各种原料的碳氮比，调节碳氮比为（20～30）：1。

表6　蚯蚓养殖配方

配方组别	原料	比例（%）
配方1	猪粪	70
	稻草	30
配方2	猪粪	60
	米皮	40
配方3	猪粪	60
	谷壳	40
配方4	猪粪	60
	甘蔗渣	40
配方5	猪粪	50
	杂木锯末	40
	谷壳	10

发酵时，要自然堆积，不压实，表面需覆盖未切的稻草或塑料薄膜，防干保温。切记翻堆；每隔5～7天，翻堆2～3次后，料温不再升高，当饲料呈黑褐色，且质地松软，无恶臭，不黏滞，即为腐熟。

调整酸碱度；饲料酸碱度以6～8较适宜，过高或过低对蚯蚓的生长都不利。超过这个范围蚯蚓会出现脱水变干、萎缩、反应迟钝、逃逸等问题。

（2）蚯蚓养殖床的准备。根据平地堆肥养殖法或架式养殖法准备蚯蚓养殖床。

平地堆肥养殖法：平地堆肥养殖蚯蚓是规模化蚯蚓养殖中最方便、最常见的，平地堆肥养殖的蚯蚓养殖床宽度为80～100厘米，基料的厚度为20～30厘米，两条养殖床作为一个单元，每个单元内留有排水沟，宽度20～30厘米；两个单元之间留有能过粪车的路，宽度50～60厘米。蚯蚓养殖床的表面可以采用稻草覆盖，以防干燥（图51）。

图51　蚯蚓养殖床

架式养殖法（工厂化养殖法）：工厂化养殖床一般采用四层木架或铁架，每层可放塑料箱多只（箱长65厘米、宽46厘米、高15厘米），分箱饲养。每箱放入7.5千克腐熟的饲料，湿度在60％～70％，接种种蚓300～500条，蚯蚓产卵后就立即分箱。养殖期间不再投料和种蚓，也不取粪，除洒水保湿和检查是否有天敌的危害外无需其他工作。到采收时，将箱一次性倒出，分离蚓体和蚓粪，然后重新投料投种养殖。

（3）蚯蚓的播种。选用赤子爱胜蚓，直接将蚯蚓放入已腐熟的饲料内，使其大量繁殖。也可采用蚓茧孵化的方法，即收集养殖床内的蚓茧，投放在其他的养殖床内孵化。蚯蚓的养殖最佳密度，一般成蚓以2.8～3.1千克/米^{2}为佳，在饲养过程中，种蚓不断产出蚓茧，孵出幼蚓，而其密度会随之增大，需要适时采收，及时调整种群密度，保持生长量的动态平衡。

（4）蚯蚓的饲养管理。蚯蚓的投料方法有表面投料法、侧面补料法和下层投料法，选择方法投料，再定期清除蚓粪，调整温湿度和酸碱度，蚯蚓的生长温度为5～30℃，最适合温度为20℃。低于5℃或高于30℃均不利其生长，0℃以下会冻死蚯蚓，当温度超过32℃时，蚯蚓就会停止生长，40℃以上时蚯蚓出现死亡。蚯蚓的生长发育水分含量在60%～70%，孵化期水分含量在56%～66%为宜。另外，浇水时要注意水流量不宜过大，蚯蚓养殖床中不能混入其他杂物，并且要经常疏松，以保证空气流通和幼蚓成活，养殖床之间的过道要保持干净。定期清除蚯蚓粪，以保持环境的清洁。用铁耙翻动养殖床时动作要轻，尽量把蚯蚓卵埋入基料中，以免影响孵化率。

（5）防天敌。蚯蚓养殖出现的病害很少，主要是避免黄鼠狼、鸡、鸭、鹅、鸟、蛇、鼠等天敌的捕食危害。

（6）蚯蚓的采集。蚯蚓在采集时，通常采用诱集采收法，先在养殖床旁边铺1米左右宽的薄膜，将要采集的蚯蚓和基料堆积在薄膜上；用多齿耙疏松表面，根据蚯蚓的避光性，蚯蚓就会往下钻，上层基料基本上没有蚯蚓；然后将上层基料耙去，随后蚯蚓还会因为避光性再次往下钻；再次去除上层的基料，以此类推，反复进行。塑料薄膜上剩下的就是蚯蚓。

蚯蚓可供药用、饲用，饵料，收获生产的蚯蚓可进行加工处理再利用。根据不同用途，可加工成蚯蚓干（地龙）、蚯蚓粉（药用或饲料）等，蚯蚓粪可加工成有机肥。

4.养殖蝇蛆

蝇蛆养殖可以将畜禽粪便中的有机物进行分解，产生的蝇粪可作为土壤的有机肥直接施用于农业种植中，蝇蛆则可作为畜禽的优质蛋白质饲料，如图52所示，可使用蝇蛆来饲喂雏鸡。选择家蝇来处理畜禽粪便的优点是家蝇的繁殖能力强，产卵量高，食性杂，适应能力强，且蛆体肥大，富含动物蛋白质等。

5.养殖水虻

黑水虻是一种资源性食腐昆虫，幼虫具有食性

图52　鸡采食蝇蛆

杂、食量大、抗逆性强、不传播疾病等优点，与蝇蛆、黄粉虫等齐名，被誉为"凤凰虫"，预蛹营养价值高，可作为动物源蛋白质利用。不仅如此，黑水虻还能够通过生存竞争起到抑制家蝇的作用。黑水虻养殖以猪场固体废弃物的资源化利用为目标。猪是单胃杂食动物，有限的消化系统容积和微弱的微生物发酵活动导致其对纤维等物质的消化能力较差，猪粪中仍然含有大量未消化吸收的蛋白质、脂肪等有机物质。水虻幼虫能够转化猪粪中的氮、磷、钾等营养成分和大量的蛋白质及脂肪，并将一部分用于机体构建，从而成为畜禽养殖的高能蛋白质原料。这些营养丰富的新鲜猪粪可直接作为黑水虻的饲养基。利用新鲜猪粪养殖黑水虻，可以节省生产成本，而且猪粪价格低廉，由于没有足够的土地进行粪污消纳，很多猪场的干粪无偿给周边农户使用，部分猪场甚至出运输费让种植户将猪场粪污运走，相比之下，黑水虻的养殖成本更加低廉。蚯蚓养殖周期一般为4～5个月，黑水虻养殖周期大多为32天，相对较短的养殖周期利于减少场地面积和设备数量及资金的快速周转，能够降低养殖风险。黑水虻对粪污转化率高，经黑水虻处理后的猪粪可作为有机肥施用。利用猪粪养殖黑水虻可以同时达到猪粪资源化、减量化、无害化的目的。

6.用作燃料

沼气生产指厌氧细菌在适宜的环境条件下（适宜的温度、酸碱度、空气含氧量等），利用粪便中的有机物质，进行分解，同时产生甲烷等气体的过程。为提高畜禽粪便的利用效率，可使用沼气工程进行处理。经沼气工程处理后的沼渣可以用作垫料或肥料，沼液可以回冲粪沟，同时产生的沼气可以用作清洁能源，供畜禽场进行发电或作为热源使用，以解决畜禽场自身的能源需求（图53）。

水压式沼气池是我国推广最早、数量最多的沼气池。整个沼气池建于猪、牛舍地面或其附近地面以下。水压式沼气池由进料管、发酵间、储气间、水压间、出料口、导气管等组成（图54）。畜禽粪便通过进料管流入发酵间中下部，发酵间为圆柱形，池底大多为平底，也有池底向中心或出料口倾斜的锥底或斜底。未产沼气或发酵间与大气相通时，进料管、发酵间、水压间的料液在同一水平面上。发酵间上部储气间完全封闭后，微生物发酵粪便产生的沼气上升到储气间，随着沼气的积聚，沼气压力不断增加，当储气间沼气压力超过大气压力时，便将发酵间内的料液压往进料管和水压间，发酵间液位下降，进料管和水压间上升，产生了液位差，由于液位差而使储气间内的沼气保持一定的压力。用气时，沼气从导气管排出，进料管和水压间的料液流回发酵间，这时，进料管和水压间液位下降，发酵间液位上升，液位差减少，相应地沼气压力变小。产气太少时，如果发酵间产生的沼气小于用气需要，则发酵间液位将逐渐与进料管和水压间液位持平，最后压差消失，沼气停止输出。总结起来就是：产气时，气压水；用气时，水压气。水压式沼气池的沼气压力随着进料管、水压间与发酵间液位差的变化而变化，因此，用气时压力不稳定。

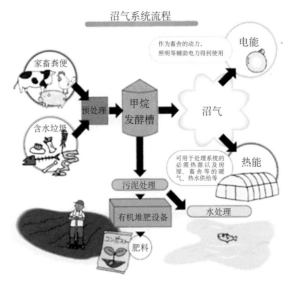

图53　沼气资源化利用

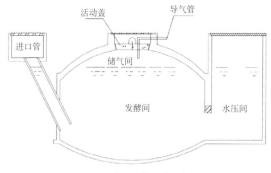

图54　水压式沼气池

（四）猪场污水的处理和利用

1.粪水特点

　　畜禽养殖场粪水主要来源于畜禽尿液、栏舍和设施冲洗水、滴漏的饮水、降温用水以及生产过程中产生的其他废水和生活污水等。畜禽种类、饲养方式以及清粪工艺等对粪水总量及污染物浓度影响较大，同时又与天气条件、饲料、栏舍设计等其他诸多因素密切相关。如猪场水冲方式清粪，粪便、尿液和水混合在一起，粪水量大且浓度高，化学需氧量可达20克/升，总固体含量大于10%；人工干清粪工艺相对于传统水冲工艺，节水量可达30%以上，粪水中化学需氧量也较低，仅5～10克/升，总固体含量约5%。

　　近几年推广应用的导液式自动刮粪板模式，节水效果更显著，粪水量大大减少，因混入的干粪量极少，排出的粪水以尿液为主，化学需氧量较低，在800～2 000毫克/升，但总氮和氨氮含量较高。国内各地采用水泡粪的设计方式差异较大，而有的浅池式水深只有30～50厘米，因此，每次粪便排放的间隙时间相差很大，最短的一周到半个月排放一次，而长的超半年才排放一次。由于粪便在水中浸泡与发酵时间不同，粪水中的成分及浓度也有很大差异。

养殖场粪水主要由水、粪、尿液以及散落的饲料等组成。粪水中除水分外主要有粗蛋白质、粗脂肪、粗纤维、无氮浸出物等有机成分，以及无机盐类和重金属。尿液中的成分主要来源于血液，少数物质由肾合成，水分占95%～97%，固体物占3%～5%。固体物包括了有机物和无机物，无机物主要有钾、钠、钙、镁和多种胺盐。正常情况下尿中的含氮物质全部为非蛋白质含氮化合物，主要有尿素、尿酸、尿囊素等。尿素是尿中的主要含氮化合物，在尿中的含量为1.5%～2.5%，约占尿中固体物质总量的50%。在饲料中添加或临床上应用抗生素等物质时，粪便和尿液中也会少量存在。

2.粪水危害

畜禽养殖粪水具有典型的"三高"特征，即化学需氧量高、氨氮高、固体悬浮物高，而且含有无机盐类和重金属，目前单一的处理方法无法满足粪水达标排放的要求。因此，要结合养殖场养殖种类不同，清粪方式不同，并根据水量、水质情况采用组合处理方法，同时，综合考虑该处理方法的投资、日常运行费用和操作是否方便等问题。选择工艺流程的主要依据包括国家有关水污染防治政策法规和标准，省（部）级政府或部门的污水治理区域任务、限期目标、区域水污染物总量控制规划，地方政府水治理规划，所在地自然条件（气候、地质、水文、地形地貌等），养殖场基本条件，粪水处理工程的建设规模和建设地址，进水水质、水量、排放制度，出水水质要求，以及投资匡算和运行成本预期等。

选择工艺流程应采用经济有效、方便可行、效果稳定的方法，遵循"减量化、无害化、资源化、生态化、廉价化、简便化"的原则，尽量利用当地的自然地理环境优势，综合考虑，科学设计，合理布局。

3.粪水的收集方式

要采用雨污分流的方式，雨污分流是指畜禽养殖企业在新建（改造）养殖场时要设置两条排液沟，一条作为雨水沟，用于收集雨水，通常为明沟；一条作为污水沟并加盖，统一的收集设施，从而最大限度地减少后端处理压力，用于收集粪水，粪水进入猪场污水处理系统。

4.常用工艺流程及基本处理方法

一般的工艺流程由几个技术单元依次或重复交叉组成，同类技术单元所采用的具体技术可以根据所处粪水处理阶段的技术需求合理选择，进行达标排放（图55）。

其他基本的工艺流程如图56所示。

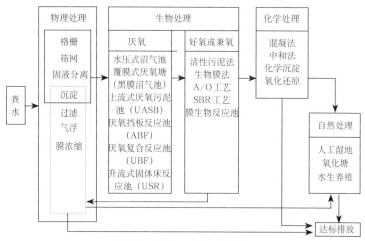

图55　粪水处理工艺流程

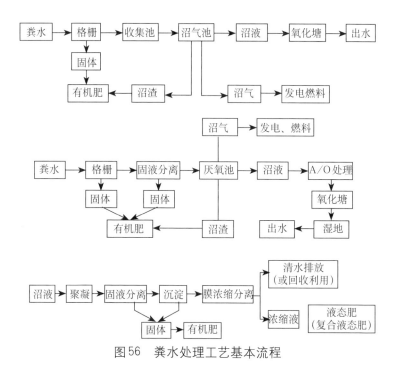

图56　粪水处理工艺基本流程

5.污水处理技术

目前的污水处理技术主要分为物理技术、化学技术、生物技术和自然处理技术。

（1）自然处理技术。主要包括人工湿地和氧化塘系统。

人工湿地系统是模仿自然生态系统中的湿地（图57），是由人工建造和控制运行的与沼泽地类似的地面，将污水、污泥有控制地投配到经人工建造的湿地上，污水与污泥在沿一定方向流动的过程中，主要利用土壤、人工介质、植物、微生物的物理、化学、生物三重协同作用，对污水、污泥进行处理的一种技术。其作用机理包括吸附、滞留、过滤、氧化还原、沉淀、微生物分解、转化、植物遮蔽、残留物积累、蒸腾水分和养分吸收及各类动物的作用。

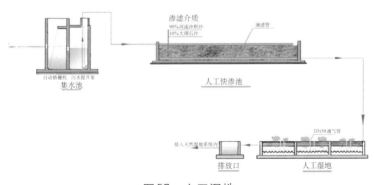

图57　人工湿地

自然处理中，常用的另一种方法是氧化塘。氧化塘是一种利用天然净化能力对污水进行处理的构筑物的总称。其净化过程与自然水体的自净过程相似。通常是将土地进行适当的人工修整，建成池塘，并设置围堤和防渗层，依靠塘内生长的微生物来处理污水。主要利用菌藻的共同作用处理废水中的有机污染物。氧化塘污水处理系统具有基建投资和运转费用低，维护和维修简单，便于操作，能有效去除污水中的有机物和病原体，无需污泥处理等优点。按照塘内微生物的类型和供氧方式来划分，氧化塘可以分为厌氧塘、兼性塘、好氧塘、曝气塘。

（2）生物处理技术。

好氧生物处理技术：利用好氧微生物（包括兼性微生物）在有氧气存在的条件下进行生物代谢以降解有机物，使其稳定、无害化的处理方法。微生物利用水中存在的有机污染物为底物进行好氧代谢，经过一系列的生化反应，逐级释放能量，最终以低能位的无机物稳定下来，达到无害化的要求，以便返回自然环境或进一步处理。污水处理工程中，好氧生物处理法有活性污泥法和生物膜法两大类。

活性污泥法：活性污泥法是污水生物处理的一种方法。该法是在人工充氧条件下，对污水和各种微生物群体进行连续混合培养，形成活性污泥。利用活性污泥的生物凝聚、吸附和氧化作用，以分解去除污水中的有机污染物，然后使污泥与水分离，大部分污泥再回流到曝气池，多余部分则排出活性污泥系统（图58）。

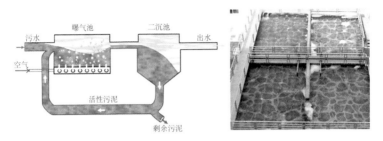

图58　活性污泥法及其流程

　　典型的活性污泥法是由曝气池、沉淀池、污泥回流系统和剩余污泥排除系统组成。污水和回流的活性污泥一起进入曝气池形成混合液。从空气压缩机站送来的压缩空气，通过铺设在曝气池底部的空气扩散装置，以细小气泡的形式进入污水中，目的是增加污水中的溶解氧含量，还使混合液处于剧烈搅动的状态，呈悬浮状态。溶解氧、活性污泥与污水互相混合、充分接触，使活性污泥反应得以正常进行。

　　第一阶段，污水中的有机污染物被活性污泥颗粒吸附在菌胶团的表面上，这是由于其巨大的比表面积和多糖类黏性物质。同时一些大分子有机物在细菌胞外酶作用下分解为小分子有机物。

　　第二阶段，微生物在氧气充足的条件下，吸收这些有机物，并氧化分解，形成二氧化碳和水，一部分供给自身的增殖繁衍。活性污泥反应进行的结果是污水中有机污染物得到降解而去除，活性污泥本身得以繁衍增长，污水则得以净化处理。

经过活性污泥净化作用后的混合液进入二次沉淀池，混合液中悬浮的活性污泥和其他固体物质在这里沉淀下来与水分离，澄清后的污水作为处理水排出系统。经过沉淀浓缩的污泥从沉淀池底部排出，其中大部分作为接种污泥回流至曝气池，以保证曝气池内的悬浮固体浓度和微生物浓度；增殖的微生物从系统中排出，称为剩余污泥。事实上，污染物很大程度上从污水中转移到了这些剩余污泥中。

生物膜法：好氧微生物处理技术中，常用的另一种方法是生物膜法，生物膜法是在充分供氧条件下，用生物膜稳定和澄清废水的污水处理方法。生物膜是由高度密集的好氧菌、厌氧菌、兼性菌、真菌、原生动物以及藻类等组成的生态系统，其附着的固体介质称为滤料或载体。生物膜自滤料向外可分为厌氧层、好氧层、附着水层、运动水层。在污水处理构筑物内设置微生物生长聚集的载体（一般称填料），在充氧的条件下，微生物在填料表面聚附着形成生物膜，经过充氧（充氧装置由水处理曝气风机及曝气器组成）的污水以一定的流速流过填料时，生物膜中的微生物吸收分解水中的有机物，使污水得到净化，同时微生物也得到增殖，生物膜随之增厚。当生物膜增长到一定厚度时，向生物膜内部扩散的氧受到限制，其表面仍是好氧状态，而内层则会呈缺氧甚至厌氧状态，并最终导致生物膜的脱落。随后，填料表面还会继续生长新的生物膜，周而复始，使污水得到净化。

微生物在填料表面聚附着形成生物膜后，由于生物膜的吸附作用，其表面存在一层薄薄的水层，水层中的有机物已经被生物膜氧化分解，故水层中的有机物浓度比进水要低得多，当废水从生物膜表面流过时，有机物就会从运动着的废水中转移到附着在生物膜表面的水层中去，并进一步被生物膜所吸附，同时，空气中的氧也经过废水而进入生物膜水层并向内部转移。

生物膜上的微生物在有溶解氧的条件下对有机物进行分解和机体本身进行新陈代谢，因此产生的二氧化碳等无机物又沿着相反的方向，即从生物膜经过附着水层转移到流动的废水中或空气中去。这样一来，出水的有机物含量减少，废水得到了净化。

厌氧生物处理技术：是在厌氧条件下，兼性厌氧和厌氧微生物群体将有机物转化为甲烷和二氧化碳的过程，又称为厌氧消化。厌氧生物处理技术在水处理行业中一直都受到环保工作者们的青睐，由于其具有良好的去除效果、更高的反应速率和对毒性物质更好地适应，更重要的是由于其相对于好氧生物处理废水而言不需要为氧的传递提供大量的能耗，因此厌氧生物处理在水处理行业中应用十分广泛。

畜禽粪水有机物浓度高，并且碳、氮的比例适中，厌氧处理产气性能比较稳定。通常将畜禽粪便污染治理与可再生能源开发结合起来，因此，畜禽粪便厌氧处理工程常常是沼气工程。从20世纪80年代以来，我国已建成一大批畜禽粪便处理沼气工程，在发酵工艺、装置设计、设备配套和运行管理等方面都积累了较好的经验。

废水厌氧生物处理（沼气发酵）工艺按微生物的凝聚形态可分为厌氧活性污泥法和厌氧生物膜法。厌氧活性污泥法包括传统消化池，如水压式沼气池、完全混合式厌氧反应器、厌氧接触工艺、厌氧挡板反应器（图59）、升流式厌氧污泥床等（图60）。厌氧生物膜法包括厌氧生物滤池、厌氧流化床和厌氧生物转盘等。厌氧复合反应器则属于厌氧活性污泥法和厌氧生物膜法的杂合工艺。

介绍其中一种常用的方法，即覆膜式厌氧塘。覆膜式厌氧塘也称为黑膜沼气池，就是将厌氧塘用不透气的高分子膜材料密封，下部装水部分敷设防渗材料，池深5～8米。粪便从厌氧塘一端进入，另一端排出，可以采用多点进料、多点出料（图61）。整个系统在常温下运行，降解速度随季节、温度变化而变化，冬季反应温度低；固态物质容易下沉，只能在底部污泥床进行分解；没有搅拌装置，有机物与微生物接触少；污泥容易随出水排出，污泥浓度低。因而有机物的转化速率低，产气率低。整个塘的利用效率低，占地面积大。覆膜式氧化塘主要用于处理浓度比较低的养殖场冲洗污水，进入系统之前需要进行固液分离，尽量去除固体物质，产气潜力高的物质相应去除，总的产气量不高。

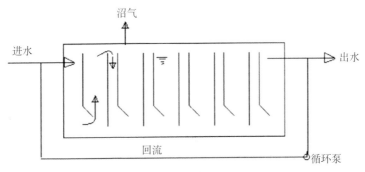

图59 厌氧挡板反应器

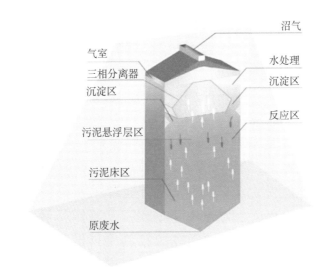

图60 升流式厌氧污泥床构造

厌氧-好氧组合处理技术：厌氧生物处理工艺能直接处理高浓度有机废水，有机负荷高，污泥量产量低，耗能低，运行成本低，但是该处理出水有机物浓度高，氮、磷去除效果差，不能达到

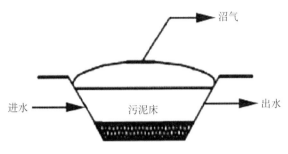

图61　覆膜式厌氧塘

排放标准。好氧生物处理工艺对污染物稳定化程度高，出水有机物浓度低，氮、磷去除效果较好，有可能达到排放标准，但是处理高浓度有机废水时，曝气池容积大，投资高，能耗高、运行费用高。从厌氧、好氧生物处理的特点看，两者正好互补，可以取长补短。因此，将厌氧、好氧生物处理工艺组合，可以发挥各自优势，克服各自缺点。简单地说，厌氧-好氧组合处理工艺是厌氧生物处理工艺在前，好氧生物处理工艺紧跟其后。首先，在厌氧处理段，通过密封措施维持反应器厌氧条件，利用厌氧微生物、兼性厌氧微生物分解有机污染物，去除绝大部分有机物并产生沼气；然后，在好氧处理段，通过向反应器（曝气池）充氧维持好氧条件（或间歇好氧条件），利用好氧微生物进一步分解有机污染物，进行硝化、反硝化作用脱氮，以及释磷、吸磷作用除磷。采用该组合可以充分利用厌氧、兼性厌氧、好氧微生物的代谢活动分解废水中的有机污染物，将有机物、氮和磷等作为微生物的营养被微生物利用，最终分解为稳定的无机物或合成细胞物质而作为污泥由水中分离，从而使废水得到净化（图62）。

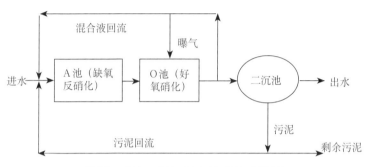

图62　厌氧-好氧组合处理技术流程

（3）物理化学处理技术。

絮凝技术：通过加入絮凝剂，使粪水中悬浮微粒集聚变大，或形成絮团，从而加快粒子的聚沉，达到固液分离的目的，这一现象或操作称作絮凝。通常靠添加适当的絮凝剂实施絮凝，其作用是吸附微粒，在微粒间"架桥"，从而促进集聚。养殖粪水固体悬浮物和有机物浓度高，因此，絮凝技术广泛应用于养殖粪水的预处理，以提高原水的可生化性，降低后续处理的负荷。

气浮技术：气浮法也称浮选法，是向污水中通入空气或其他气体产生气泡，利用高度分散的微小泡黏附污水中密度小于或接近于水的微小颗粒污染物，形成气浮体。因黏合体密度小于水而上浮到水面，从而使水中细小颗粒被分离去除，实现固液分离的过程。气浮法既具有物理处理功能，又具有化学絮凝处理功能，可以有效地降低水中的某些污染物质。

电解技术：电解是将电流通过电解质溶液或熔融态电解质（又称电解液），在阴极和阳极引起氧化还原反应的过程，电化学电池在外加直流电压时可发生电解过程。电解法是通过选用具有催化活性的电极材料，在电极反应过程中直接或间接产生大量氧化能力极强的羟基自由基，达到分解有机物的目的。在很大程度上提高了废水的可生化性能，并且具有杀菌消毒效果。电解法对于养猪粪水中的难以生物降解的有机物具有很强的氧化去除能力，因此被广泛应用于养殖粪水的好氧处理后的深度处理及消毒（图63）。

膜浓缩分离技术：膜分离是在20世纪初出现，在20世纪60年代后迅速崛起的一门分离新技术。膜的孔径一般为微米级，依据其孔径的不同（或称为截留分子量），可将膜分为微滤膜、超滤膜、纳滤膜和反渗透膜等。膜分离技术由于兼有分离、浓缩、纯化和精制的功能，因此被广泛用作养殖粪水的浓缩和生化处理法中污泥与出水的分离。此外，膜对微生物具有很好的截留效果，如微滤膜（孔径为$10^{-8}\sim10^{-7}$米）可以截留全部细菌，而超滤膜（孔径为$10^{-7}\sim10^{-6}$米）可以截留大部分的病毒。因此，膜技术也是一种优良的物理消毒方法。在很多研究与实际工程应用中，膜

图63　电解气浮设备

工艺出水符合中水回用标准，可以用于粪便冲洗、绿化灌溉。

　　消毒处理：畜禽养殖粪水经过生物和一般的物理、化学处理技术工艺流程后，最后的出水中仍有可能存在较多的病原微生物，特别是某些有害微生物如排放到环境中，或者回水利用冲洗猪栏时，会导致二次污染和疫病的传播。《畜禽养殖业污染物排放标准》中对粪大肠杆菌群数有相应的规定。工业化达标排放处理模式，出水通常直接排放或回水利用，因此，消毒处理是其重要环节之一。消毒处理是废水处理系统中杀灭有害病原微生物的水处理过程。常用的方法有臭氧消毒、紫外线消毒（图64）和添加消毒剂等方法。

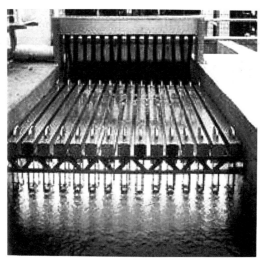

图64　紫外线消毒